用简单的步骤了解科学，享受制作

手作面包科学

〔日〕**竹谷光司**　著

陈以燃　译

海峡出版发行集团
THE STRAITS PUBLISHING & DISTRIBUTING GROUP

福建科学技术出版社
FUJIAN SCIENCE & TECHNOLOGY PUBLISHING HOUSE

面包制作是我一生的朋友。

也希望您能在这本书中找到

一生的朋友。

前言

好了，现在开始享受做面包的乐趣吧。面包制作比你想象的要简单。面包世界的大门广开，同时，里面又无限深远广阔。一旦被这种魅力所吸引，你一定会和它交往一辈子，它是交往越久越忠诚的一生的伴侣。

在众多面包书籍中，本书的初衷是尽可能用通俗易懂的语言解释面包制作的实际方法，及其依据的理论。就是将面包师们专业的表达翻译成大家都能懂的语言。希望你在面包世界中的视野会从开始的迷雾中逐渐变得开阔，做面包成为越来越有趣的事儿！

世界上有各种各样的面包，它们是各地的母亲、烘焙师们为了让人们以最大限度享受当地出产的小麦的美味而下功夫的成果，是努力和爱的结晶。请一定用自己亲手制作的面包款待家人和周围的人。

全世界有很多像你一样对做面包感兴趣的人。无论是出于兴趣而开始制作的人，还是从事面包工作两三年的人，如果能通过这本书互相学习，做出成品来互相品尝比较、互相炫耀，如果能因此找到可以无尽畅聊的伙伴，我会很高兴的。

从我开始做面包算起，快有 50 年了。但是，今后还有很多想尝试和挑战的事情：这样做，是不是能做出更好吃的面包？用这种方法，能不能更简单、轻松地做出好吃的面包？期待着能在某处和您一起做面包！

竹谷光司

目 录

CONTENTS

Step 1

5 种基本面包 ………… 13

Step 2

制作面包的材料 ……… 67

Step 3

制作面包的工序 ……… 79

Step 4

5 种应用面包 ………… 95

"手作面包科学"指南

学理论之前

Step 1 按第 1 章先试着做一个

★ 使用塑料袋和面，不会弄脏厨房
★ 不发出吵人声响地和面
★ 不时地休息、静置面团，轻松地和面（使用自行水解法）

即使如此，也能烘烤出松软、膨大的面包！

试着做后，产生问题怎么办？

关于材料→第 2 章 Step 2 "制作面包的材料"（P.67）
关于制作方法→第 3 章 Step 3 "制作面包的工序"（P.79）

我想进入下一个阶段

请进入第 4 章 Step 4 "5 种应用面包"（P.95）

到了这里，只要你下点功夫，
凡是面包店里陈列的品项你几乎都能烤出来

POINT 1

置备塑料袋，
        而后轻松地完成面包制作

1

本书的混拌方法，是采用日本"玻璃纸袋微笑面包"协会*所推荐，世界上最简单的面包制作方法——使用塑料袋来混拌面粉和水。这样既不会弄脏厨房，又能简单、均匀且快速地把水混入面粉。即使混拌工序只用这种方法完成，也能制作出美味的面包。

2

将面包除去酵母、油脂和盐之外的原料混合成面团后，进行 20 分钟的自行水解法（自行消化、自我分解）。面粉混合水后静置，面筋会自然形成。不是只有用力揉和的方法才能使面团结合、形成面筋。

3

本书中，面团由塑料袋取出后，也会进行以手揉和（混拌）的工序。混拌的三要素是"摔打、延展、折叠"，其中的任何一个动作都可称为混拌。因此，本书减少摔打的动作，而以揉（延展、折叠）的动作为主，进行混拌。

4

本书工序表中所记述的揉面"次数"，并没有将塑料袋内揉和的次数计算在内。而且具体次数是由熟悉面包制作的笔者实际操作后统计出的。各位读者制作时可以将此次数增加二三成，或许能制作出更好的面团。此外，配方分量较大时，同样也必须增加二三成的次数。

编者注：＊原文为"一般社团法人ポリパンスマイル協会"，该协会有网址 https://polypain.org。

POINT 2

面包的分类方法多种多样，本书是以砂糖用量为主，并考虑副材料用量、有无折叠入黄油片来进行分类。

砂糖用量（烘焙百分比）	本书中的面包
0%	法国面包系列（法国面包、乡村面包）
5%~10%	吐司系列（吐司、葡萄干面包）
10%~15%	餐包系列（餐包、玉米面包）
20%~30%	点心面包系列（点心面包、布里欧）
30%以上	甜面包卷（Sweet Roll）系列
有无折叠入黄油片	可颂、丹麦糕点面包

本书在各个分类中，选出了上述的面包作为代表进行详细讲解。当你能烤出想做的面包品类后，一定会想做出更加蓬松、也更美味的面包。此时，就能翻开第2、3章，借由认识材料、了解制作时的要领，愉快地继续制作。在下功夫的过程中，面包之路也能无限地扩展。

掌握了10种基本·应用面包之后，烘焙之路将会无限宽广

POINT 3

因为是以手揉和，所以选用这种面粉

本书打算全部用双手来制作面团。专职面包师因为要制作大量的面团，所以会使用搅拌机。人类的双手无论如何努力，都无法像机器那样去形成面筋组织，下图简单地说明了此情况。

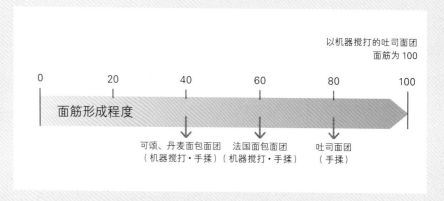

以机器搅打的吐司面团面筋为100

| 0 | 20 | 40 | 60 | 80 | 100 |

面筋形成程度

可颂、丹麦面包面团（机器搅打·手揉）　法国面包面团（机器搅打·手揉）　吐司面团（手揉）

这样一来，手工制作和机器制作时，面粉就要有所区别了。
自古以来，面包要能膨胀起来，都有一定的条件。

① 蛋白质含量较高的高筋小麦面粉，要用强的力道、高速挡位搅拌。

② 蛋白质含量较少且弱的面粉，要用弱的力道、低速挡位搅拌。

③ 蛋白质含量中等的面粉，则以中等速度进行搅拌。

也就是说，即使购买了高蛋白质含量的面粉，如果你的双手无法产生与高速搅拌机匹敌的力道或速度，也无法做出含有同样筋度的面团。的确，高蛋白质含量的面粉具有能让面包膨胀得更大的潜力。但是仅靠人手无法完全充分发挥其潜力，半途而废的搅拌，反而会抑制面包的膨胀体积。因此，在第4章中，由于以人手揉面，就将使用的面粉蛋白质含量控制在11.0%~11.5%。

面包制作的方法并非一种，可以选择适合面粉的搅拌机，也可以选择适合手工揉面的面粉。因此，本书的第4章选择上述的③来进行。

8

"手作面包科学"指南

POINT 4

开始烘焙面包之前,我先带大家走进专业的领域。若是想马上烘焙面包的读者,也可以跳过这个部分;在烘焙过两三次后,再来阅读下面这几页,可能理解得更快,也更深入。

首先,我们来了解"配方",它列出了制作中使用的原料及其比例。下面的配方将原料的种类限定为基本材料,那就是

① 面粉		100
② 即溶干燥酵母（低糖用）		a
③ 盐		b
④ 砂糖		c
⑤ 黄油		d
⑥ 鸡蛋（实际重量）		e
⑦ 牛奶		f
⑧ 水		g
合 计		X

本书中,虽然水分用量以一定数值来标示,但实际上根据使用面粉的不同,水的用量会有 ±3% 以内的差距。即使如此,按照书本也一样能够完成面包的制作,所以就留待下次再进行调整吧。

8 个种类,还可以 +α（其他材料）。表中的记述是有顺序的:①~③是按照和面包制作相关程度的顺序,④~⑧是按照水分含量（越来越大）的顺序。如此固定的记述也能防止忘记加入某个材料。

其次,是各材料的用量比例,世界各地的面包店、蛋糕店在记述面包配比（材料的比例）时,和我们小时候在学校学到的百分比方法是不同的,使用的是"烘焙百分比"。一般的百分比是以全部材料为 100;而烘焙百分比,是以面粉（使用多种粉类时,就是全部谷物粉类）为 100,相对于此记其他材料的比例。最后,把烘焙比例的全部数字加起来,结果可能是 180 或 250,总之 X（=100+a+b+c+d+e+f+g）必定大于 100。

可能大家会想,这样做到底为什么呢?因为用这个方法记述在烘焙中有很多方便之处。在本书中会经常用烘焙百分比来表述,所以请大家持着踏入面包专业领域的想法,接受烘焙比例的表达方式。

POINT 5

本书当中，各种面包的材料照片旁都配有一张"工序"表。

或许你会觉得有点难，但表中只有操作概要、时间、温度和重量的标示，所以熟悉之后，就会觉得十分方便。专业面包师仅由这样的工序表，就基本能够理解制作方法，进行操作。

工序中的内容、意义、重点等，会在第 3 章说明。

在下方这张工序表中，你可以看到面团加工后静置，再加工后再静置，基本的工序就是这样重复着。

加工之后（给面团施加负荷之后），制作者和面团都会累，所以请给他们留下休息的时间。这个过程被称为"加工硬化"和"结构松弛"。也就是说，进行某个工序（操作加工面团）后，面团就会发生"加工硬化"，之后一定要让其休息，留出"结构松弛"的时间，这就是面包制作的原则（符合小麦面团的特性）。借由这样的过程，可以将面团的压力减至最小，进而烘烤出松软、饱满的面包。这个反复的过程就标注在下面的工序表中。

虽然每个面包的制作时间及环境各不相同，但面包就是在这样的过程中变硬或变软的，请大家了解。

工序（例）

混合	混拌材料并将其整合为一	加工硬化	揉压、变硬
发酵时间（27℃、湿度 75%）	发酵，使面包膨胀	结构松弛	静置、变软
分割、滚圆	将面团分切成预定的重量，滚圆	加工硬化	揉压、变硬
中间发酵	静置已分切的面团	结构松弛	静置、变软
整形	整理成准备烘烤的形状	加工硬化	揉压、变硬
最后发酵（32℃、湿度 80%）	最后发酵，使面团膨胀	结构松弛	静置、变软
烘烤（200℃）	完成烘烤		

另外，请大家了解，越是在后面的"加工硬化"，对面团的影响也越大。

一起来理解
专业面包师傅的"工序"吧

※ 在混合工序的说明中，"↓"标志表示将"↓"后面的材料加入面团。

POINT 6

面团有剩余，放入冷藏室熟成，
下次的成品更加美味

　　一般以 250g 面粉备料，能制作出 12 个餐包、点心面包等成品。但若要制作更少的份量，反而会更加困难。虽然多做一些分发给周边好友也不错，但刚开始制作时或许不是那么有信心可以分送，这时候可以试试既方便又能让面包变得美味的冷藏室熟成法。掌握了这个方法，就可以多做一些面团，每天烘烤即可。

　　本书在各款面包的"应用篇"中介绍了面团的冷藏熟成法。如果你要采用此书中配方更大的量，一次制作大量面团也是可以的，但是揉面的次数也会增加，因此以手工制作时，请考虑腕力和体力的极限来进行挑战。

专业用语解说

关于面包产品

面包皮（crust）： 面包的表皮、外皮。

面包心（crumb）： 面包内部，外皮内侧柔软的部分。

酥脆风味： 多用于形容松脆爽口。

内相： 面包内部组织状态、气泡的形状。是面团搅拌、发酵结果的呈现。

炉床面包： 炉床是放置面团进行加热的台面。直接放在炉床（通常是石板，常见于法国面包专用烤箱里）上烘烤的面包就称为炉床面包（直接烘烤面包）。

硬式和软式： 成分低油的面包烤出来几乎都是硬的，所以称为"硬式"；副材料多的面包烤出来几乎都是软的，所以称为"软式"。

韧性： 用于面包时，指的是咬断面包的容易度。

韧性强→不易咬断，韧性弱→易于咬断。

低油类（lean）与丰富类（rich）： 仅以面包的 4 种基本材料（面粉、酵母、盐、水）制成的面包，就是"低油类面包"。添加了丰富的副材料（油脂、鸡蛋、乳制品）的面包，称为"丰富类面包"。之所以称为丰富，就是因为不吝使用副材料。

关于制作过程

面团自行水解、发酵（膨发）、醒发： 意思是提供时间给面团休息、发展。"发酵"中包含了酵母工作、面团膨胀的过程。

加水： 让面粉物质与水分结合。过量加水会超出面粉的持水能力。

炉内伸展： 放入烤箱中的面团，会向上及侧方伸展一定范围。

吸水，吸水率： 面粉吸收水分，面粉持水的能力、比例。

割口过轻： 在法国面包等面团表面切划的刀口过轻，不足以使水分充分蒸发，在面包外观上也不够美观。

工序表： 最低限度的制作方法记录，主要以时间、温度（湿度）、重量等表示。

折腰： 指面包侧面有凹陷。

材料水： 在配方中写着的作为材料的水。

主材料和副材料： 主材料是指制作面包的四种基本原料（面粉、酵母、盐、水），除此之外的原料都是副材料。

手揉、手拌、手作： 手揉狭义上是指不使用搅拌机而用手揉面团，广义上是指制作整个面包（＝手作）。程度还不到"揉面"，仅把材料混合在一起时（如法式乡村面包等的制作），也称为"手拌"。

延开和伸长： 本书将面团在平台上变宽称为"延开"，变长变细称为"伸长"。难以判断的时候，就用"延展"。

配方（材料）： 表示材料及其用量、比例的表格。与烹饪中使用的"配方"差不多。

回温： 将冷藏、冷冻的面团恢复到室温。

揉和： 将材料混合在一起，按照"延展、折叠、摔打"三要素制作面团。不过，本书并没有使用"摔打"。本书中，将"延展、折叠"称为"揉和"。这个动作也有"和面""揉面""打面"等称法。

烤后收缩： 面包烤好后放凉时，随着内部气体体积缩小，面包也随之收缩。

STEP 1

5 种基本面包

第一章作为面包制作的初级篇，将摆在面包店内的面包分成五大类，并介绍每类的代表性配方及工序。

工序中虽然写着温度、湿度等数字，但在尚未熟练时，可以不那么在意，请试着不拘小节地揉面、等待、烘烤。在此过程中，将自己使用的时间、温度记录下来，那么下次操作就会更熟练。来，先试着做一个吧!

餐包

TABLE ROLLS

圆餐包

蝴蝶餐包

三轮餐包

对于初次制作面包而言,这是最容易做出来的面包配方。以这样的配方,烘烤成吐司形状就成了风味浓郁的"饭店面包",包裹上红豆馅,就变身成点心面包。所以,这也可说是万用配方了。

咖喱面包

黄油卷

花型餐包

工 序	
▨ 揉和	用手揉和(40 回 ↓ IDY 10 回　AL20 分钟 150 回 ↓盐·黄油 150 回)
▨ 面团温度	28~29℃
▨ 发酵时间(27℃、湿度75%)	60 分钟　按压排气 30 分钟
▨ 分割·滚圆	40 g
▨ 中间发酵	20 分钟(黄油卷形状 10 分钟　10 分钟)
▨ 整形	圆形、黄油卷形等
▨ 最后发酵(32℃、湿度80%)	50~60 分钟
▨ 烘烤(210℃→200℃)	8~10 分钟

IDY:即溶干酵母　AL:自行水解

配方（材料）

 Chef's comment **材料的选择方法**

可以从商店架上陈列的面粉当中选取面包用粉（高筋面粉）。任何品牌，国产或进口的都可以，但选取的面粉种类不同，水分的添加也会略有差异。

面包酵母有很多种类。本配方使用的是即溶干燥酵母。

可以使用厨房中平时所使用的食盐。

平常使用的糖即可。成为面包制作高手后会区分使用，但制作完成的面包不会有太大差异。请先从周围容易取得的材料开始吧。

可以使用一般的黄油、人造黄油、猪油等固态油脂。在此使用的是无盐黄油。

所记述重量指的是去壳后的全蛋重量。将蛋黄和蛋白均匀混拌后使用。

冰箱中常备的牛奶也可以。使用牛奶可以让面包的风味及烘烤色泽更佳。但有些人会担心过敏，也可以换成豆浆或水。

用一般的水即可。

12 个 40g 面团的分量

材 料	面粉 250g 时的重量（g）	烘焙百分比（%）
面粉（面包用粉）	250	100
即溶干燥酵母（低糖型）	5	2
盐	4	1.6
砂糖	32.5	13
黄油	37.5	15
鸡蛋	37.5	15
牛奶	75	30
水	50	20
合计	491.5	196.6

其他材料

▨ 刷涂蛋液（鸡蛋：水 =2：1，并加入少许食盐）适量
▨ 内馅用咖喱　适量

15

揉和

1

将面粉和砂糖放入塑料袋中，使袋子充满空气鼓起后振摇。用一只手抓紧袋口封闭，另一只手的手指按压袋子底角，如此，袋子就会变得立体，摇晃时容易让粉末混合。

2

把充分搅散的鸡蛋、牛奶和水也加入袋中。

3

再次使塑料袋充满空气成立体状，用力摇晃，使材料撞击袋子内壁。

4

当袋内材料成为一体后，放到工作台上隔着塑料袋用力搓揉。

5

把塑料袋内侧翻出，取出面团放至工作台上。用刮板将沾黏在塑料袋内的面团刮落。

6

把面团在工作台上揉压，"延展"和"折叠"算1回，揉40回左右，加入即溶干酵母后再揉10回左右。

注意避免干燥！保持室温！

7

到这里休息一下，让面团自行水解。面团滚圆，封口朝下放置于盆碗（内壁先薄刷一层黄油）中。盖上保鲜膜避免干燥，放置约20分钟。

自行水解详细讲解→ P.83

自行水解前　自行水解20分钟后

8

揉和面团150回，这样做也是为了让即溶干酵母均匀分散开。

 **关 于 揉 和**

● **揉和**

　　本书中介绍的是不同于以往的揉面方法，也就是使用塑料袋的方法。不会弄脏厨房、减少了需要清洗的工具，所以也是最合适忙碌者的方法。

　　在不太薄的塑料袋内放入面粉、砂糖，或在称重时就将面粉放入塑料袋内进行，更能省时间。接着将塑料袋包含空气地剧烈摇晃，使材料均匀混拌。

　　接着放入搅散的鸡蛋、牛奶、水，再次让塑料袋像气球般鼓起并剧烈摇晃，使袋内材料像拍打在内壁一样，逐渐整合为一。

　　然后，把塑料袋放在桌上继续揉搓，使面团中的面筋组织进一步结合。一定程度之后，再将塑料袋外翻，取出面团放在工作台上。沾黏在塑料袋内的面团也请用刮板仔细地刮下，这些都是配方内的材料用量。接着再揉面团约 40 回，加入即溶干燥酵母后，再揉 10 回。

　　此外，专业面包师理所当然地会在和面的过程中"休息"，这也是面团混合的手法之一。科学研究表明，在静置的时候，面团里的面筋也在结合，从而让面团成长得更好。这种方法被称为"自行水解"，详细内容在 P.83 中叙述。在本书中我将积极采用这种方法，轻松地进行揉面工作。

　　面团整合后放在一个碗里静置，避免干燥，这就是在进行自行水解。通常出现结果需要 20 到 60 分钟，所以本制作中我让面团休息了 20 分钟。只要休息一下，之后的工作就会轻松很多。

　　20 分钟后，再次进行"延展"和"折叠"的重复动作，约 150 回。然后把盐和黄油洒抹在面团上准备混入。比较高效的混入方法是，把面团分成小块，分别擀开，在一块小面团上洒抹盐和黄油，叠上另一块小面团并擀压，再洒抹盐和黄油，如此反复操作。

　　然后再揉面 150 回，至面团可以拉开成如 P.19 面筋检查照片一样的薄膜时，就大功告成了。

提高效率的技巧

将面团分切成小块，分别擀薄后再叠在一起，可以更高效地揉和。

工作台的温度调整

在一个大的塑料袋里放入1L热水（夏天用冷水），挤出空气，扎紧袋口避免漏水。将水袋放在工作台的空闲区域，不时地和工作区域交换。一边加热（冷却）工作台一边进行揉面，比调整室温更有效。我的工作台如图所示是石制的，具有较好的蓄热性。可以试一下！

面团温度

⑨

摊开面团，加入盐和黄油。

⑩

重复150回"延展""折叠"的组合动作，使面团结合。也可将面团切成小块，延展后重叠（参照 P.17），重复进行，这样操作更容易。

⑪

确认揉和完成的面团温度（期望值是28~29℃）。

面团发酵（一次发酵）

注意避免干燥! 保持室温!

⑫

整合面团，放回步骤 7 的碗中。盖上保鲜膜避免干燥，放置于约 27℃的地方约 60 分钟。

⑬

面团膨胀到一定大小后，做指洞测试，然后从碗中取出，轻轻按压排气。

⑭

面团再次放回碗中，覆盖保鲜膜，在与步骤 12 相同的环境下继续发酵 30 分钟。

分割·滚圆

中间发酵

注意避免干燥! 保持室温!

⑮

将面团切分成 40g 的 12 个。

⑯

轻轻滚圆。

⑰

留出 20 分钟的休息时间。如果要做成黄油卷的形状，在已静置 10 分钟的中途做成大葱头形状（→ P.19）。

 **Chef's comment** **从 揉 和 完 成 至 中 间 发 酵**

● 面团温度

制作面包面团时，温度非常重要。请将面团的目标温度设定在28~29℃。因此夏天要使用冰水、冬天要使用温水。专业面包师傅会因此而严格管理材料用水的温度，但入门初学者只要有温度管理的概念即可。像 P.17 那样在石制工作台上放置温水（冰水）来控温，也是一个方法。

● 面团发酵（一次发酵）与按压排气

放入盆中并覆盖了保鲜膜的面包面团，最适合的发酵条件是温度27℃、湿度75%，但你只要能了解目标，在周围环境许可的范围内进行发酵就可以了。

如果可能的话，请将覆盖了保鲜膜的碗放置在保温效果良好的保温箱内，漂浮在温水浴缸内，或靠近暖气，又或是房间中最温暖的位置——希望大家知道的是，温暖的空气是比较轻的，也就是说，在同一个房间内，天花板附近比较温暖，而地板附近比较凉。

放置 60 分钟后再按压排气。按压排气的时机可以通过"指洞测试"确定（参照右侧照片）。

按压排气，指的是轻轻将已经产生的气体排出，再将面团滚圆。目的有很多，但都是为了让面团更有力量，可以提高面团的弹力，烘烤出侧边高的膨松面包。

● 分割·滚圆

一般将面团分割成每份 40~50g。一次就切出刚好的分量很难，经常需要增或减，此时请注意不要撕扯面团，而要用切刀（或刮刀、卡片等）切分面团，以尽量不损伤面团。

将分割好的面团滚圆，一开始可能不好操作，那么可以先把面团对折，对折后的面团表面积和原来是差不多的，此时将面团转动 90 度，再次对折，如此重复 4 到 5 次，就会变成光滑的圆形。

● 中间发酵

把面团放在和前面发酵一样的地方，避免变干，静置 10~20 分钟。这个时间可以让收合滚圆后变硬的面团重新变得柔软，方便以后整形。

面筋检查

以指尖试着抻开面团，即可知道面筋的连结程度。详细→ P.85。

指洞测试

将沾粉的中指从面团中央深深地插入。如果手指拔出后，面团上还留有孔洞的话，这时就可以按压排气了。

制作黄油卷形状的面包时，面团在中间发酵 10 分钟后做成大葱头形状。

19

整形

18

黄油卷

将大葱头形状（圆锥形）的面团擀压延展成等边三角形，由底边开始轻轻卷起。

19

蝴蝶形

将面团细长伸展后三折放置。使左右端在中央处交叉，再将两端向下卷入。

20

三轮形

面团细长伸展后，在三等分处做出标记。持起一端，使两个标记交叉，再将另一端放入交叉后形成的孔洞中。把剩下的一端卷到背面。

21

花形

面团细长伸展后，卷在手指上。将面团一端从上面穿过轮圈，另一端从下面穿过轮圈，再将两端在轮圈背面粘在一起，就成了没有蕊的花；如果把最后从下面穿过的一端拉长，端头再卷回来、从中央伸出，就会变成有蕊的花。

Chef's comment 关 于 整 形

● 整形

　　最简单或理想的形状是圆形，整形时你可以用面团分割后滚圆的方法再操作一次。不过提起餐包，大多数人的印象都是黄油卷，那么在进行黄油卷整形时，必须在中间发酵 10 分钟后，将圆形面团整成大葱头形，再经过 10 分钟放置，才以擀面棍将大的一端擀薄，然后从大的一端开始卷，卷三四层。

　　整形完成时，将黄油刷涂在烤箱专用烤盘上，将各面团均匀拉开距离排放。面团在最后发酵、进入烤箱后，会再膨胀 3~4 倍，所以请充分考虑，以较大间距排放。

咖喱面包

22

面团延展成圆形后，包入咖喱内馅。捏紧闭合口，将面团的上表面按压在润湿的纸巾上，沾上水分后再沾取面包屑。面包可以是圆形，也可以是船形。

Bread making tips
〈 面包制作的诀窍 〉

为细长地伸展面团
所作的准备

压平。

翻面后，从外侧及身体方向分别折入形成三折叠。

用两手拇指按压中央处。

由外侧向内对折闭合。

将面团伸展成 10cm 多的棒状。

最后发酵 · 烤前工序

注意避免干燥! 保持室温!

23

放置在刷涂黄油的烤盘上,进行50~60 分钟的最后发酵。(在此期间预热烤箱:在烤箱底部放入蒸汽用烤盘,将烤箱温度设到 210℃。)

24

完成最后发酵,在面团表面仔细地刷涂蛋液。

25

面团放入前,在底部蒸汽用烤盘内注入 200ml 的水(要小心急遽产生的蒸汽)。这样就可以避免家用烤箱烘烤时干燥的缺点了。

烘烤

26

接着立刻将放着面团的烤盘放入烤箱。(若烤箱有上下层,请放入下层。一次烘烤一片烤盘)。关闭烤箱门,并将温度调降至 200℃。

27

烘烤时间约 8~10 分钟。若有烘烤不均匀的情况,在烤上色后,打开烤箱,将烤盘的位置前后对换。

28

待全体呈现美味的烘烤色泽时,就完成了。取出后,连同烤盘一起在距工作台 10~20cm 高的位置丢下,撞击台面。

放入第二片烤盘时

再次将烤箱温度调高至 210℃,重复从 24 到 28 的工序。

从 最 后 发 酵 至 烘 烤 完 成

● 最后发酵 / 烤前工序

以温度 32℃、湿度 80% 为目标环境，在较高的温度下进行最后发酵。如果面团的表面不干燥，温度低一点也没关系，但是相对地要花时间。其实，慢慢地进行最后发酵，面包味道会更好，其状态也比较稳定，所以只要注意避免面团表面变干，在任何地方都可以进行最后发酵。例如，可以用一个大号的、足以容纳烤盘的泡沫箱，须带有盖子，然后放入热水和小架子，再放入烤盘进行发酵，直到面团变成原来的 2~2.5 倍大。如果没有箱子，也可以把面团放在室温下发酵，上面覆盖保鲜膜，但不要碰到面团。

完成了最后发酵的面团，让表面稍微干燥，涂上鸡蛋液。鸡蛋液提前准备好，做法是鸡蛋 100、水 50，再加少许盐，用搅打器拌匀。

● 烘烤

以 200℃、8~10 分钟完成烘烤工序，无论是烘烤过度或不足，都会功亏一篑。前面已经付出了那么多努力，所以这个阶段就不要离开烤箱 (蒸) 吧。随烤箱不同，烤箱内的前后左右可能会有烤色不均的状况，此时请将烤盘前后左右交替调整，烘烤出均匀的色泽。

待全体烤出美味的色泽时，请连同烤盘一起从烤箱中取出，在距离工作台约 10~20cm 的高度向下丢，使面包受到震击，如此可避免面包的烤后收缩 (详细→ P.94)。

Bread making tips
〈 面包制作的诀窍 〉

因为烤箱内每次只放一片烤盘，所以等待的烤盘要避免干燥，并放在低温环境。

包装

面包放凉后，请尽早包装 (用塑料袋)。如果暴露于室温，香味和水分会逐渐流失。

应用篇

留下面团待日后烘烤的方法

1. 分割时，取下必要用量后，其余面团放入塑料袋内，均匀延展成 1~2cm 的厚度，放入冷藏室保存。这样也是在进行冷藏熟成。

2. 次日或第三天，由冷藏室取出面团，静置于温暖处 1 小时左右。
3. 确认面团温度在 17℃以上后，接着进行从步骤 15 开始的工序。
4. 若想要放置三天以上，请冷冻保存。但这样也请确认在一周之内完成烘烤。在想要烘烤的前一天先将冷冻室的面团移至冷藏室，再从 "上述 2." 开始。

吐司

WHITE BREAD

吐司，应该是每个家庭希望每天都能轻松制作的面包吧？这种面包因为配方简单，制作上反而比较困难，但只要抓住"充分揉和面团"这一要点，就能打开通往成功的道路。之后，相信面包酵母，好好地培养面团当中的酵母，就能烘烤出松软喷香的面包。

工 序	
■ 揉和	用手揉和（40 回 ↓ IDY 10 回　AL20 分钟 150 回 ↓盐·黄油 150 回）
■ 面团温度	27~28℃
■ 发酵时间（27℃、湿度75%）	60 分钟　按压排气 30 分钟
■ 分割·滚圆	295g×2
■ 中间发酵	20 分钟
■ 整形	整成热狗形、涡卷形
■ 最后发酵（32℃、湿度80%）	山形吐司：60 分钟（方形吐司：40 分钟）
■ 烘烤（210℃→200℃）	25 分钟

IDY：即溶干酵母　AL：自行水解

配方（材料）

 Chef's comment ## 材 料 的 选 择 方 法

1 个 1700ml 吐司模型（编者注：此处日语原文直译为"1 斤吐司模型"，日本 1 斤约等于 600g）的分量

使用面包用粉（高筋面粉）。只要是面包粉都可以，但其中小麦粉的种类不同，会影响用水量和最终面团的分量。但它们都能烘烤出美味的面包，请不要太在意。

在此与餐包使用相同产品。若能取得鲜酵母（产品形态通常为温润块状），也可以使用，但分量必须做调整，在 P.71 中有介绍。

只要是食盐都可以用。几乎都是以颗粒状态加入。要注意的是不要让面包酵母接触到盐。本书中采用的是先把酵母揉入面团，再添加食盐的"后盐法"。

只要是砂糖都可以用。用量标准虽然是 6%，但专业面包师在店内有 2%~12% 的各种比例。到 10% 的话，制作出的面包与其说是甜，不如说是浓郁的美味。若是给小朋友吃的话，则多放一点可能比较好。

只要是固态油脂，不管用什么，面包都会变软，体积也会变大。都已经特地制作了，还是使用风味良好的黄油吧。虽然使用橄榄油也可以，但使用液态油脂时，面包的体积会稍微小一些。

可以用家中常备的牛奶。面包店为了方便以及成本考量，也会使用全脂奶粉、脱脂奶粉、炼乳等。

用一般的水即可。也有些人坚持使用矿泉水，特别是高硬度的法国康婷矿泉水等，但本书并非介绍特殊的制作方法或面包，所以使用一般的水就可以了。

材料	面粉 320g 时的重量（g）	烘焙百分比（%）
面粉（面包用粉）	320	100
即溶干酵母（低糖型）	4.8	1.5
盐	6.4	2
砂糖	19.2	6
黄油	16	5
牛奶	96	30
水	128	40
合计	590.4	184.5

25

揉和

将面粉和砂糖放入塑料袋中，使袋子充满空气鼓起后振摇。用一只手抓紧袋口封闭，另一只手的手指按压袋子底角，如此，袋子就会变得立体，摇晃时容易让粉末混合。

在袋内加入牛奶和水。

再次使塑料袋充满空气成立体状，用力摇晃，使材料撞击袋子内壁。

当袋内材料成为一体后，放到工作台上隔着塑料袋用力搓揉。

把塑料袋内侧翻出，将面团取出放至工作台上。用刮板将沾黏在塑料袋内的面团刮落。

把面团在工作台上揉压，"延展"和"折叠"算1回，揉40回左右，加入即溶干酵母后再揉10回左右。

注意避免干燥! 保持室温!

自行水解详细讲解→ P.83

自行水解前

自行水解 20 分钟后

到这里休息一下，让面团自行水解。面团滚圆，封口朝下放置于盆碗（内壁先薄刷一层黄油）中。盖上保鲜膜避免干燥，放置约 20 分钟。

揉和面团 150 回，这样做也是为了让即溶干酵母均匀分散开。

 **Chef's comment** 关 于 揉 和

● 揉和

基本上和餐包面团的揉和一样。

往塑料袋里放入面粉和砂糖，让袋子充满空气，摇晃混合均匀。倒入液体后，用力甩动塑料袋，这样把材料揉成一团。

面团结合到一定程度后，用手从塑料袋上方揉搓面团，而后把袋子内侧翻出，取出面团放到操作台上。粘在塑料袋内壁的面团也要用刮板小心地刮掉，这些都是配方内的材料用量。然后再揉面团 40 回左右，加入即溶干酵母后再揉 10 回。

因为副材料的用量少，所以面筋的结合和延展很快，揉面工序比餐包面团更容易完成。进行充分揉和后，面筋紧密结合，面团可以薄薄地延展，从而让面包变软、变大。如果随便地揉和，就会烤出体积中等，但内部呈黄色、味道浓郁的面包。

这里也使用了在混合材料后就进行"休息"的自行水解法。在材料经过多道工序后，或者在"摔打、延展、折叠"的揉和过程中累了的时候也可以使用。

可以用面筋检查的方法来确认揉和完成与否（参照 P.85）。抓取少量面团，用双手的指尖慢慢地摊拉开。一开始可能不太顺利，但重复做几次后就能将面团薄薄地拉开。这是做面包的基本操作，所以请一定多练习。

一旦采取自行水解法，后面的工作就变得轻松了。20 分钟后，再次进行"延展""折叠"的重复动作 150 回合。然后把盐和黄油洒抹在面团上。可以将面团和黄油分成小块，而后将一块小面团擀开，放上小块黄油和盐，再将另一块小面团重叠在上面并擀压，如此反复进行。

在重复 150 回"延展""折叠"的动作后，进行面筋检查。面团可以拉展成如照片（P.28 ⑩）的薄薄一层，面团就做好了。

工作台的温度调整

在一个大的塑料袋里放入1L热水（夏天用冷水），挤出空气，扎紧袋口避免漏水。将水袋放在工作台的空闲区域，不时地和工作区域交换。一边加热（冷却）工作台一边进行揉面，比调整室温更有效。我的工作台如图所示是石制的，具有较好的蓄热性。可以试一下！

面团温度

⑨

摊开面团，加入盐和黄油。

⑩

重复 150 回"延展""折叠"的组合动作，使面团结合。也可将面团切成小块，延展后重叠（参照 P.17），重复进行，这样操作比较容易。

⑪

确认揉和完成的面团温度（期望值是27~28℃）。

面团发酵（一次发酵）

注意避免干燥! 保持室温!

⑫

整合面团，放回步骤 7 的碗中。盖上保鲜膜避免干燥，放置于约 27℃ 的地方约 60 分钟。

⑬

待膨胀至适度大小时，进行指洞测试（参照 P.29），确认发酵状态后从盆中取出。

注意避免干燥! 保持室温!

⑭

轻轻按压排气，而后重新整合面团，放回碗中，覆盖保鲜膜，在与步骤 12相同的环境下再发酵 30 分钟。

分割·滚圆·中间发酵

⑮

将面团 2 等分。

⑯

轻轻地滚圆。

注意避免干燥! 保持室温!

⑰

留出 20 分钟的休息时间。

从 揉 和 完 成 至 中 间 发 酵

● **面团温度**

　　吐司面团揉和完成时的目标温度是27~28℃。因此夏天要使用冰水、冬天要使用温水，但初学者进行这样的调整是有难度的，所以只要有温度管理的概念即可。

● **面团发酵（一次发酵）与按压排气**

　　放入碗中并覆盖了保鲜膜的面团，最适合的发酵环境是温度27℃、湿度75%，但只要能了解这个条件，在周围环境许可的范围内进行发酵即可。

　　确认揉和完成时的面团温度，是为了在其远离27℃的情况下，可以及早应对。如果能确认面团温度及周围环境温度，就容易预测发酵时间。也就是说，温度低于27℃时，发酵时间会比预定的长，温度高时则反之。详细情况将在第3章说明。

　　放置60分钟后，进行"指洞测试"以确认按压排气的时机。按压排气后，轻轻地再次整合面团，然后放回盆中，覆盖保鲜膜，于相同环境静置30分钟。

指洞测试
将沾粉的中指从面团中央深深地插入。如果手指拔出后，面团上还留有孔洞的话，这时就可以按压排气了。

● **分割·滚圆**

　　制作吐司时必定会使用吐司模，因此必须根据该模型适合的面团量进行分切。这里最重要的是要知道自己的吐司模的容积。可以在购买吐司模时确认，但请务必自己实际测量一次（详细→P.89）。

　　将分切后的面团进行滚圆，无论是谁在开始时都不好做。但在这里，不要滚得很漂亮，差不多揉成团状就可以。此时若用力滚圆，就会起到反效果，因为接下来的中间发酵用时要变长，反而不利于面包的质量。

● **中间发酵**

　　把面团放在和第一次发酵一样的地方，避免变干，放20分钟。20分钟后，如果面团芯（面团内的硬块）没有消失，面团就不容易进行整形，这就是滚圆过度造成的。

　　为避免面团表面变干，要在它表面覆盖一层东西。

整形

把面团轻拍成椭圆形。

用擀面棍沿面团长边方向擀压排出气体。

把面团擀压成2倍大小。

将面团转向横放，分别从上下两边朝中间折入，成三折叠，并用指尖紧紧按住封口。

沿着中心线按压。

用双手拇指指腹均匀用力按压。

将面团由外侧朝身体的方向对折，闭合面团，并整理成热狗形。这样做好2条面团。

将热狗形状的团面从一端开始卷成旋涡状。在吐司模内侧刷涂黄油。

让2个面团的卷曲方向相反，再以收口朝下的方式放入吐司模具中。（这样一来，面团相互间就会反向分开，烘烤后，面团的分界处就容易撕开。）

Chef's comment **关 于 整 形**

● **整形**

到了这个阶段，面团反而要好好、仔细地揉制。在用擀面棍把面团擀薄后，也可以和左边照片不同地，用包寿司的方式卷起成热狗形状。把长长的热狗形状从一端开始卷起，而后收口朝下、螺旋方向相反地填入模型。

在模具内壁事先涂上黄油。

COFFEE TIME

模型比容积*

要表示一定容积的吐司模具能放入多少重量的面团，用"模型比容积"这个数字量。以方形吐司（带盖烘烤）为例，市面出售的方形吐司的模型比容积平均值是 4.0，但家庭制作时很难将面包做得这么轻（蓬松），可以将模型比容积设定为 3.8。可能听起来不容易懂，其实只要将模具容积毫升数除以 3.8，得到的数值就是适合放入模具的面团重量克数。反过来说，放入的面团会膨胀到约 3.8 倍，占满模具的容积。也就是说，使用同样的面包模具，模型比容积小意味着面团膨胀得少，模型比容积大意味着面团膨胀得多，面包更轻盈。

用模型容积和模型比容积数值计算出面团重量后，再将一个面团分成 2~4 个，放入模型中。

例）计算面团的分割重量。通常日本"1 斤模型"的容积是 1700ml，除以 3.8 得到数字 447.4，那么面团重量可以近似取 450g，也就是塞进 2 个 225g 的面团。

（注意：以上是以制作方形吐司的情况为例，和制作山形吐司的情况有所不同。）

编者注：

*

本节介绍制作的是不带盖烘烤的山形吐司，其中的模型比容积用面团重量590.4g和模型容积1700ml推算（1700÷590.4），约为2.9，烤好的面包呈现很强的膨发效果。

模型比容积并不是固定的，会随人们的喜好变化；同时山形吐司适合的值一般比方形吐司的小一点（面团量更多）。作者在另一本书《面包学》中提到：随着人们喜好的吐司口感从扎实变得松软，外形从膨发变得匀称，以及烤箱传热性变好等原因，模型比容积在变大，现在，方形吐司的平均值约为 4.0，山形吐司约为 3.8。

在很多面包师的书中，对吐司面团入炉前膨发效果的描述，不论方形吐司还是山形吐司，都是到模具内八九分满范围（比下一页步骤 27 所描述的要小，与 P.33 第 7 行介绍的方形吐司面团的膨发情况类似）。所以，左侧文中介绍的方形吐司的模型比容积应用于山形吐司也是可以的（见 P.109 "会膨胀的只是面团"），这样烘烤中面团不会从模具内向上冒出很多。

在中国，也经常有"多少克吐司模型"的说法（这里的重量指的也是建议放入模型的面团重量），编者考察了网售的多个吐司模型的参数，发现这种说法中采用的模型比容积主要在 4~5.2。

最后发酵·烤前工序

注意避免干燥！保持室温！

27

进行 50~60 分钟的最后发酵。烘烤山形吐司时，膨胀成较吐司模型高 1~2cm、露出"脸"的程度比较好。（在此期间预热烤箱：在烤箱底部放入蒸汽用烤盘，将烤箱温度设到 210℃）

28

完成最后发酵后，在面团表面喷淋水雾。

29

在烤箱内放置网架（若烤箱有分上下层，放在下层）。放入面团前在底部蒸汽用烤盘内注入 200ml 的水（要小心急遽产生的蒸汽），这样就可以避免家用烤箱烘烤时干燥的缺点了。

烘烤

30

接着立刻将装有面团的模型放入。关闭烤箱门，并将温度调降至 200℃。

31

烘烤时间 25 分钟。若有烘烤不均匀的状况，要打开烤箱，改变吐司模型的方向。

32

烤箱顶部过低，担心烤焦时，可以用略有重量的纸张覆盖在面团表面，直到面团中心也受热（达到预定时间）为止。

33

待整体呈现诱人的烘色时，就可以了。取出后，将模具从距工作台 10~20cm 高处丢下，使面包受到撞击。

34

将面包立刻从模型中取出，放在平的架子上冷却。

 **Chef's comment** 从最后发酵至烘烤完成

● 最后发酵 / 烤前工序

以温度32℃、湿度80%为发酵的目标环境。温度低时，只是需要比较长的时间，并不会有其他问题。因店家而异，也有面包店是在15℃的低温下放置一晚来进行最后发酵。但请务必避免面团变干。

此外，带盖烘烤的方形吐司，随面团的状态、温度不同，发酵后的面团顶端是在模型顶缘下1~2cm不等，如此放入烤箱。

想要烘烤出表层外皮薄且具光泽的吐司时，可以预先将蒸汽用烤盘放入烤箱底部，在模型入烤箱前，注入200ml水。因为会急遽产生蒸汽，所以必须迅速地将吐司模型放至网架上，然后迅速地关上烤箱门（注意不要烫伤）。

● 烘烤

烘烤条件虽然也会因面包模型大小不同而异，但一般是以200℃、25分钟为宜。因为烤箱一开一关，会使烤箱内的温度急剧下降，所以一开始将温度设定为略高的210℃，在一连串的动作结束后，再将设定调降至200℃，烘烤至完成。

根据烤箱不同，可能会有烘烤不均的状况，所以不要离开烤箱，必要时在烘烤中途更换模型的前后位置。

模型从烤箱取出后，立即摔落在工作台上使面包受到震击，以防止烤后收缩。之后尽快将面包由模型中取出，放置在平架上冷却。此时，平坦的地方很重要。放在弯曲的架台上冷却的话，有可能就是塌腰的原因。

有盖模型与蒸汽

此次不使用模型盖，让面团烘烤成山形吐司，但即使盖上模型盖，入炉时烤箱产生的蒸汽还是能让面包表面产生光泽。可能大家会对有盖模型的蒸汽效果感到疑问，只要试一次就知道了，因为蒸汽会由模型的缝隙窜入。

包装

面包放凉后，请尽早包装起来（用塑料袋）。如果放置于室温下，香味和水分会不断流失。

点心面包

SWEET BUNS

红豆沙面包

蜜渍红豆面包

栗子面包

点心面包（编者注：也叫果子面包、甜面包）的代表是红豆面包，这是日本人开发的面包，也深受孩子们的喜爱。稍微努力一下也可以做出红豆面包超人（编者注：《面包超人》是一部经典日本动画）。一般所说的点心面包都是用同样的面团制作的，所以只要掌握了这种面团，奶油馅面包（克林姆面包）和菠萝面包也能做得出来。把冰箱里的菜肴包入其中，就成了美味的调理面包。试着挑战一下吧?

菠萝面包

奶油馅面包

南瓜面包

工 序	
■ 揉和	用手揉和（40 回 ↓ IDY 10 回　AL20 分钟 200 回 ↓盐·黄油 150 回）
■ 面团温度	28~29℃
■ 发酵时间（27℃、湿度75%）	60 分钟　按压排气 30 分钟
■ 分割·滚圆	40~50g
■ 中间发酵	15 分钟
■ 整形	红豆面包、奶油馅面包、菠萝面包等
■ 最后发酵（32℃、湿度80%）	50~60 分钟
■ 烘烤（210℃→200℃）	7~10 分钟

IDY：即溶干酵母　AL：自行水解

配方（材料）

 Chef's comment

材料的选择方法

使用面包粉（高筋面粉）。有时为了增加口感，让面包更柔软或者更润泽，也会混进低筋面粉和中筋面粉，但在这里只使用面包粉来尝试。

糖用得多，会抑制面包酵母的活性，所以配方中加大酵母的用量来弥补。另外，法国乐斯福公司的燕子品牌中也有耐高糖的即溶干酵母（金标），也可以使用；一般最常见的，是用于低糖面团的即溶干酵母（红标）。

使用量会变少。因为糖的用量高，考虑到味道的平衡以及对酵母的渗透压，盐不能使用太多。

甜面团的特点是含糖多，所含糖常见烘焙比是25%，但在20%~30%都可以。

因为糖太多，黄油的美味很难体现出来，所以用其他油脂，比如人造黄油也可以。

能让面包的体积和烤色更好。虽然不是必需的，但经常会用。

这也不是必需的，但经常会用。专业生产时较多会使用全脂奶粉、脱脂奶粉、炼乳，当然，这时候配方中的量要另外计算了。

用一般的水就可以。

12 个 40g 面团的分量

材料	面粉 250g 时的重量（g）	烘焙百分比（%）
面粉（面包用粉）	250	100
即溶干酵母（低糖型）	7.5	3
盐	2	0.8
砂糖	62.5	25
黄油	25	10
鸡蛋	50	20
牛奶	50	20
水	55	22
合计	502	200.8

其他材料

▨ 刷涂蛋液（鸡蛋：水 = 2:1 ，并加入少许食盐）

▨ 细籽类

▨ 红豆沙馅、蜜渍红豆馅、栗子馅、南瓜馅、卡士连奶油馅、菠萝面包表屑（→ P.66） 各适量

35

揉和

1

将面粉和砂糖放入塑料袋中，使袋子充满空气鼓起后振摇。用一只手抓紧袋口封闭，另一只手的手指按压袋子底角，如此，袋子就会变得立体，摇晃时容易让粉末混合。

2

把充分搅散的鸡蛋、牛奶和水也加入袋中。

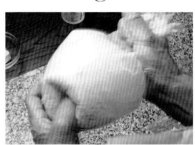

3

再次使塑料袋充满空气成立体状，用力摇晃，使材料撞击袋子内壁。

4

当袋内材料成为一体后，放到工作台上隔着塑料袋用力搓揉。

5

把塑料袋内侧翻出，取出面团放至工作台上。用刮板将沾黏在塑料袋内的面团刮落。

6

把面团在工作台上揉压，"延展"和"折叠"算1回，揉40回左右，加入即溶干酵母后再揉10回左右。

注意避免干燥! 保持室温!

7

到这里休息一下，让面团自行水解。面团滚圆，封口朝下放置于盆碗（内壁先薄刷一层黄油）中。盖上保鲜膜避免干燥，放置约20分钟。

自行水解详细讲解→ P.83

自行水解 20 分钟后

8

揉和面团 200 回，这样做也是为了让干酵母均匀分散开。

Chef's comment 关于揉和

● 揉和

这款面包也同样使用用塑料袋开始制作。称重的时候，如果不仅是面粉，糖和盐也都借助塑料袋来称量，那么称盐的袋子可以作为盐的专用袋再次使用，这样可以再减少需要洗的东西，所以经常做面包的时候，我就这么做。

首先用塑料袋将面粉和砂糖均匀地混合均匀。接着把打好的鸡蛋以及牛奶、水、空气一起放入，将气球状的袋子用双手用力摇晃，让材料像拍打在塑料袋内壁一样，如此整合成一团。

接着，继续从塑料袋上方搓揉，使面团中的面筋连结得更紧密。当面团整合到一定程度时，把袋子内侧翻出，取出面团放到操作台上。粘在塑料袋内壁的面团也请仔细地铲刮下来，这也是配方内分量的面团。然后再揉面团约 40 回，而后加入速溶干酵母，再揉面团 10 回——这个时候，与其说是开始发酵，不如说是让干燥状态的即溶干酵母吸水复原，所以不均匀地揉面就够了（也可以说，在不均匀的面团状态下就要停止动作）。

让面团自行水解 20 分钟。自行水解也叫自行消化、自行分解，就是你什么都不做，而面团内部自动产生连结的现象，由此生成的面筋可以薄薄地拉开，而块状的面团表面则可以看到变得光滑。

之后，将面团按压"延展"、放回"折叠"，这样算 1 回，重复揉200 回左右。

在面团中加入黄油和盐。为了提高效率，可以将面团分成小块，延压开，在一块面团上放少量黄油和盐，再叠上另一块面团并擀压，如此重复进行。

全部黄油和盐都混入面团后，将面团延展、折叠，重复做 150 回左右，帮助面团的面筋连结。

进行面筋检查，如果面团可以被拉开得很薄，就揉好了。

工作台的温度调整

在一个大的塑料袋里放入1L热水（夏天用冷水），挤出空气，扎紧袋口避免漏水。将水袋放在工作台的空闲区域，不时地和工作区域交换。一边加热（冷却）工作台一边进行揉面，比调整室温更有效。我的工作台如图所示是石制的，具有较好的蓄热性。可以试一下!

⑨

摊开面团，加入盐和黄油。

⑩

重复150回"延展""折叠"的组合动作，使面团结合。也可将面团切成小块，延展后重叠（参照P.17），重复进行，这样操作比较容易。

面团温度

⑪

确认揉和完成的面团温度（期望值是28~29℃）。

面团发酵（一次发酵）

注意避免干燥！保持室温！

⑫

整合面团，放回步骤7的碗中。盖上保鲜膜避免干燥，置于约27℃的地方约60分钟。

⑬

面团膨胀到一定大小后，做指洞测试，然后从碗中取出，轻轻按压排气。

注意避免干燥！保持室温！

⑭

再次放回碗中，覆盖保鲜膜，在与步骤12相同的环境下继续发酵30分钟。

分割·滚圆

⑮

将面团切分成40g的12个。

⑯

轻轻滚圆。

中间发酵

注意避免干燥！保持室温！

⑰

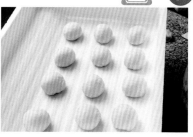

留出15分钟的休息时间。在此期间，将内馅按面包个数分好（40g/个），搓成团。菠萝面包则按面包个数准备好菠萝皮（P.66）。

从揉和完成至中间发酵

● 面团温度

以 28~29℃ 为目标。和之前一样，注意根据季节调整面团用水温度，或者在塑料袋中加入热水或冷水去调节工作台的温度，留意面团的温度。

另外，由于这个配方中糖较多，面包酵母的活性会受到一些抑制，所以要把面团的温度调高，创造便于即溶干酵母（面包酵母）工作的环境。

● 面团发酵（一次发酵）和按压排气

以温度 27℃、湿度 75% 为目标环境。并非一定要达到这样的温度和湿度，但请在力所能及的范围内尽量去接近。

最重要的是不要让面团表面变干，因为发酵时间会很长。面团表面变干的话，面筋就不能延长，面团也容易失温。

● 分割·滚圆

每个面团的分量以 40 ~ 50g 为目标。初期为了容易操作，可以按 50g。但考虑到要包入内馅，40g 可能更好。

将分割好的面团滚圆。如果还不熟练的话，可以使用反复对折的方法——对折，旋转 90 度，如此重复 4 次。这样，面团就会变成光滑的球形。

● 中间发酵

以 15 分钟为目标。当滚圆后变硬的面团变软，内部没有芯核的时候就可以开始整形了。在中间发酵过程中，将面团用保鲜膜覆盖或盖上盖子以防变干。

Bread making tips
〈 面包制作的诀窍 〉

指洞测试

将沾粉的中指从面团中央深深地插入。如果手指拔出后，面团上还留有孔洞的话，这时就可以按压排气了。

应用篇

留下面团待日后烘烤的方法

1. 分割时，取下必要用量后，其余面团放入塑料袋内，均匀延展成 1~2cm 的厚度，放入冷藏室保存。这样也是在进行冷藏熟成。

2. 次日或第三天，由冷藏室取出面团，静置于温暖处 1 小时左右。
3. 确认面团温度在 17℃ 以上后，接着进行从步骤 15 开始的工序。
4. 若想要放置三天以上，请冷冻保存。但这样也请确认在一周之内完成烘烤。在想要烘烤的前一天先将冷冻室的面团移至冷藏室，再从"上述 2."开始。

整形

18

要包裹馅料的面团延展成直径8cm左右的圆形。菠萝面包则再次轻轻滚圆。

※ 面团擀薄后，用刷子除去表面多余的粉类，更容易粘合。

19

植物馅料面包

在18中分别包入蜜渍红豆馅、红豆沙馅、栗子馅，捏合底部后滚圆。

20

栗子馅面包外形模仿栗子的形状。把面团底面按在湿的厨房纸上后，沾上籽类配料（编者注：可用芝麻等。这里日语原文的材料在中国出于安全原因不可流通，虽然煮熟后无害）。

21

包南瓜馅的面团则是粘合成半圆形，再按压成舟状，同时让面团接口位于底部并呈直线状。而后在面团表面划切出两道口。

● **整形**

　　点心面包的造型多种多样，在此，我们挑战一下最基本的形状。量取和面团相同重量的豆沙馅，揉成团备用。用擀面棍把已经过 15 分钟中间发酵的面团擀成 5mm 左右的厚度。把豆沙馅放在面团中间，将面团边缘相对的两处提起，粘在一起；将面团旋转 90°，再次将相对两处粘在一起。类似操作再重复 2 次，一共做 4 次，馅料就能很好地包裹在面团里了。

　　熟练的人会在手掌中连续进行上面的操作，就像变魔术一样，很快就能包出漂亮的圆形。包好馅料后，将面团接口朝下、均匀地排列在烤盘上。面团在最后发酵阶段会膨胀到 2 倍，在烤箱里还会再膨胀到 2 倍，所以请充分考虑这一点，把面团间距放宽。

红豆沙面包凸肚脐

制作面包一定要交替进行"加工硬化"和"结构缓和"，也就是说，对面团施加力量后，应让其休息。如果在"加工硬化"后不等待"结构缓和"，直接再施加压力，面团就会反弹起来，变成"凸肚脐"。因此，红豆沙面包要在面团成形 10~15 分钟后再做中央的"肚脐眼"。面团分割滚圆之后须留出中间发酵时间，也是这个道理。

22

奶油馅面包

将面团放在量秤上，边称重边在上面挤出40g的奶油馅（克林姆馅）。面皮闭合成半圆形后，用手指在面团中央部分下方朝上推压，均匀地推开里面的奶油馅。在粘合面上划出3道缺口。

23

菠萝面包

将要放在上面的酥菠萝皮用厨房纸沾湿后，再沾取细砂糖，然后让酥菠萝皮细砂糖面朝上地覆盖在步骤 18 重新滚圆过的面团上。

最后发酵・烤前工序

注意避免干燥! 保持室温!

24　

25　

26　

放置在刷涂黄油的烤盘上，进行50~60分钟的最后发酵。(在此期间预热烤箱：在烤箱底部放入蒸汽用烤盘，将烤箱温度设到210℃。)

完成最后发酵，在面团表面仔细地刷涂蛋液(菠萝面包除外)。

面团放入前，在烤箱底部蒸汽用烤盘内注入200ml的水(要小心急遽产生的蒸汽)。这样就可以避免家用烤箱烘烤时干燥的缺点了。

烘烤

27　

28　

29　

接着立刻将放着面团的烤盘放入烤箱。(若烤箱有上下层，请放入下层。一次烘烤一片烤盘)。关闭烤箱门，并将温度调降至200℃。

烘烤时间7~10分钟。中途若发现烤色不均匀，要打开烤箱，将烤盘的位置前后对换。

待全体呈现美味的烘烤色泽时，就完成了。取出后，连同烤盘一起在距工作台10~20cm高的位置丢下，撞击台面。

放入第二片烤盘时

做红豆沙面包时，先将面团进行最后发酵10分钟，然后用手指在面团正中央压出一个洞，形成"肚脐眼"，待最后发酵完成后再涂刷鸡蛋液。蜜渍红豆面包在涂刷蛋液后，给顶部中央沾上细籽粒(编者注：如芝麻籽)(在擀面棍的圆形端部涂蛋液，再沾取籽粒做成"印章")。在进行这些操作的同时，将烤箱温度再次调到210℃。而后重复26~29的步骤。

Chef's comment 　**从最后发酵至烘烤完成**

● **最后发酵**

　　在温度 32℃、湿度 80% 以内的温暖环境中放置。其间也请避免表面变干。如果表面太干，面团的体积就无法变大，而且，烘烤后也不会有那种美味的烤色，会变成白色的面包。

● **烤前工序**

　　在面团还留有一些弹性的状态下将其从发酵箱中取出，让表面稍微晾干，这样蛋液才能更好地涂上。

　　蛋液的配方和餐包的一样，按全蛋：水：盐 =100：50：少量的比例拌匀，事先备好。在面团表面涂上一层漂亮的蛋液，再稍微晾干，放入烤箱。烤箱内的蒸汽可以使面包的表皮变薄，散发美丽的光泽。

● **烘烤**

　　以 200℃、7~10 分钟为目标。烘烤中途出现烤色不均匀时，请调整烤盘方向，让所有面团都烤出均匀的颜色。烘烤完成的时间在上述范围内越短，则面包越有光泽，皮越薄。

　　当面包变成黄褐色或黄棕色时，迅速将其从烤箱中取出，连同烤盘一起摔落到工作台上，使其受到震击。需要注意的是餐包、吐司因为只含有面团，所以震击的强度没有限制，但是馅料面包里包有内馅，如果震击力太强，馅的重量会压扁它下面的面包体。所以请注意这一点，给予适当的震击强度。

烤盘不足时

当摆放面团的烤盘不足时，可以使用烤盘纸摆放。待烤盘空出后，将面团和烤盘纸一起移到烤盘上，就可以直接送去烘烤。这样也不用在烤盘上涂刷黄油了。

法国面包

FRENCH BREAD

这是很多人最想做的面包，实际上也是最难做的面包，因此，在这入门篇中放到了第4位来介绍。制作有点难度，所以不要好强地想一次就成功，可以抱着挑战的心态多试几次。

蘑菇
（ Champignon ）

双胞胎
（ Fendu ）

细绳
（ Ficelle ）

烟盒
（ Tabatiere ）

工 序	
▨ 揉和	用手揉和（40 回 ↓ IDY 10 回　AL20 分钟 100 回 ↓盐 100 回）
▨ 面团温度	24~25℃
▨ 发酵时间（27℃、湿度75%）	90 分钟 按压排气 60 分钟
▨ 分割·滚圆	210g、60g×3、10g
▨ 中间发酵	30 分钟
▨ 整形	细绳、蘑菇、烟盒、双胞胎
▨ 最后发酵（32℃、湿度75%）	60~70 分钟
▨ 烘烤（220℃→210℃）	20 分钟（细绳）、17 分钟（其他小型面包）

IDY:即溶干酵母　AL :自行水解

Chef's comment 材料的选择方法

一般使用的是被称为法国面包粉的准高筋面粉。这种面包若使用蛋白质含量高的面包粉（高筋面粉）制作，则可能导致面包韧性过强而无法咬断。因此，在没有法国面包粉（准高筋面粉）时，请在高筋面粉中加入二三成中筋面粉，以调整降低面粉中的蛋白质含量。

一般使用的是即溶干燥酵母。

这是制作不加糖的面团时经常使用的材料。也就是说，可以代替砂糖作为面包酵母的营养源，其中含有大麦发芽所产生的淀粉酶和麦芽糖。如果附近买不到的话，可以向常去的面包店要一些，或者用1%的砂糖代替。（通过网络可以买到。）

这种面包的调味料只有盐。想讲究盐的风味的人，可以用这个面包配方；但是，要让盐的细致风味通过面包来展现似乎很难。

这里也不讲究，用一般的水即可。

蘑菇、双胞胎、细绳、烟盒各1个的分量

材料	面粉 250g 时的重量（g）	烘焙百分比（%）
面粉（准高筋粉）	250	100
即溶干酵母（低糖型）	1	0.4
麦芽精（EUROMALT·2 倍稀释）	1.5	0.6
盐	5	2
水	162.5	65
合计	420	168

麦芽精
由大麦发芽产物提取而成，包含淀粉酶（酵素）和麦芽糖。因为黏度高，所以要稀释后使用。粘在容器上的量，也请用材料水冲洗溶入使用。

揉和

往塑料袋里放入粉末和空气，充分摇晃。用一只手抓紧袋口封闭，另一只手的手指按压袋子底角，如此，袋子就会变得立体，粉末容易被摇开。

加入麦芽精和水。装麦芽精的容器也要用材料水冲洗后将水倒入袋内。

使塑料袋充满空气鼓起，用力摇晃，使材料撞击袋子内壁。

当袋内材料成为一体后，放在工作台上隔着塑料袋用力搓揉。

把塑料袋内侧翻出，取出面团放至工作台上。用刮板将沾黏在塑料袋内的面团刮落。

把面团在工作台上揉压，"延展"和"折叠"算1回，揉40回左右，加入即溶干酵母后再揉10回左右。

注意避免干燥！保持室温！

将面团滚圆，封口朝下放入碗中，盖上保鲜膜避免变干，静置约20分钟，进行自行水解。

自行水解详细讲解→ P.83

面团自行水解后，变得柔软了。

揉和100回。

Chef's comment 关于 揉和

● 揉和

这种面包用塑料袋制作是最合适的。

只把面粉和空气放入袋子里摇晃，摇得要比其他面包更仔细一点，让面粉氧化，带着"让每一个面粉颗粒的表面都包裹一层空气"的想法。而后，加入调过温度的水和麦芽精，再次让塑料袋充满空气鼓起，用力摇晃，持续进行，让材料就像在拍打塑料袋内壁一样。

当一定程度成块时，用手从塑料袋上进行面团的搓揉，使蛋白质连接得更紧密，让面筋强化。然后把面团从袋子里取出来，揉约 40 回后加入即溶干酵母，再揉 10 回左右，静置 20 分钟。

自行水解后，再"延展""折叠"100 回左右，然后加入盐，再重复揉面动作 100 回。如此在工作台上"摩擦"般作业，就能把面筋进一步连结起来。

如果面筋的连结较弱，面团就会显得黏糊、软塌。由此烘烤出来的面包外表显得瘦小，内部颜色较黄，香味浓，韧性低，也是一种美味。

如果你想让面包看起来更漂亮一些，可以通过有力、多次的揉面来改善，但面包的风味也会越来越接近普通，即接近一般面包店卖的标准面包，如此就放弃了"简单揉和面包"的个性。是要味道，还是要外观？本书设定读者为初次制作，所以面包的外观也要做好。即使不能像吐司面团那样，也要形成适当的面筋组织。

话虽如此，如果是人的手揉面，无论怎么努力都无法超过搅拌机。如果我用手要揉 100 回的话，读者您或许要增加二三成回数。

努力揉到面团可以拉出薄膜、通过面筋检查的时候结束。此时确认面团温度，然后将面团放回碗盆中进行发酵。

Bread making tips
〈面包制作的诀窍〉

工作台的温度调整

在一个大的塑料袋里放入1L热水（夏天用冷水），挤出空气，扎紧袋口避免漏水。将水袋放在工作台的空闲区域，不时地和工作区域交换。一边加热（冷却）工作台一边进行揉面，比调整室温更有效。我的工作台如图所示是石制的，具有较好的蓄热性。可以试一下！

面团温度

⑨

推开面团加入盐。

⑩

重复 100 回 "延展" "折叠" 的组合
动作，使面团结合。

⑪

确认揉和好的面团温度（期望值是
24~25℃）。

面团发酵（一次发酵）

注意避免干燥！保持室温！

⑫

将面团收好，放回步骤 7 的碗中，覆
盖保鲜膜避免变干，放在约 27℃的
环境下发酵 90 分钟。

⑬

面团膨胀到一定程度后，进行指洞测
试，然后从碗中取出，轻轻按压排气。

注意避免干燥！保持室温！

⑭

再次放回碗中，覆盖保鲜膜，在与步
骤 12 相同的环境中继续发酵 60 分
钟。

分割 · 滚圆 · 中间发酵

⑮

将面团按 210g×1、60g×3、10g×1
分割。

⑯

分别轻轻滚圆。

注意避免干燥！保持室温！

⑰

静置，中间发酵 30 分钟。注意避免
面团变干。

<Chef's comment> **从 揉 和 完 成 至 中 间 发 酵**

● **面团温度**

以 24 ~ 25℃ 为目标。

因为揉面时间短，所以比其他面团接触环境温度的时间更少，这样，在混合过程中，面团的温度变化也比较小，所以在选择材料水温时请考虑这一点。换言之，如果是在寒冷的环境，就稍微提高水温，反之则降低一点水温，就可以了。

另外，在工作台上放一个装有热水（或冰水）的水袋，比室温更能有效地调节面团温度。

● **面团发酵（一次发酵）与按压排气**

以温度 27℃、湿度 75% 为目标环境选择发酵场所。面团静置发酵 90 分钟后，按压排气（从发酵碗中取出，按压，再滚圆），放回碗中继续发酵 60 分钟。

这里的发酵碗要用底部弯曲的，而不是扁平的托盘。因为面团中的面筋具有与形状记忆合金相似的性质，发酵时的形状会在烤箱中再现。为此请准备与面包最终形状相似的发酵容器。

指洞测试
将沾粉的中指从面团中央深深地插入。如果手指拔出后，面团上还留有孔洞的话，这时就可以按压排气了。

● **分割·滚圆**

考虑到家用烤箱的大小和烤盘的大小，分割时最大的面团也只能在 150~250g 的范围。请充分考虑将来的面团大小，面团经过最后发酵和烤箱烘烤后，会膨胀到 3~4 倍大。

滚圆时轻轻地就可以了。回想刚才提到的形状记忆合金的性质，所以你可以想象着最终成型的形状来滚圆，如果是长条型，就把它揉长，如果是圆型，就轻轻揉圆。

● **中间发酵**

相较于其他面包的中间发酵时间（10 ~ 20 分钟），这种面团需要更长的时间。放在和一次发酵相同的环境下 30 分钟左右。也请注意避免面团变干、变冷。

整形

18

烟盒

整形成烟盒形状。用擀面棍将 60g 面团的 1/3 薄薄地延展。延展后的面团刷涂上橄榄油，再将未延展的部分放上来，这样送去最后发酵。

19

蘑菇

整形成蘑菇的形状。将 10g 的面团擀平延展后刷涂上橄榄油。将 60g 的圆形面团轻轻地重新滚圆，再将 10g 面团涂橄榄油的面朝下覆盖在圆形面团上，中央以中指按压。

20

双胞胎

整形成双胞胎的形状。将60g的圆形面团轻轻地重新滚圆，在中间呈带状刷涂上橄榄油（之后这里能漂亮地裂开）。从上方用圆筷子按压带状区域，形成平坦的中间部分。将侧方的圆面团朝平坦部分滚入。

21

细绳

整形成细绳的形状。轻轻拍平 210g 的面团。

分别从外侧和己侧折入，形成三折叠，并按压中间处。

将左右溢出的部分向内折入。

关 于 整 形

● **整形**

　　即使是在专业的面包店内，最困难的也是法国面包的整形。例如细绳面包（比长棍面包细的法国面包），前面介绍的方法是专业面包师的做法，所以如果你做不习惯，也可以用擀面棍将面团擀薄后，从一侧像卷寿司那样卷起做成棒状。

　　在干燥的布（最好是帆布）上薄薄地撒上手粉，然后把整形好的面团放上，将帆布从两边勾起皱褶，防止面团横向坍塌斜出。这时候皱褶间的宽度就是关键了：太窄的话面团在最后发酵的过程中就会受到挤迫，其表皮会断裂；太宽的话，面团会塌陷，烤出没有高度的法国面包。一般来说，可以在整形好的面团两侧留有一根食指的余量，这样的皱褶间宽是最理想的。也请注意皱褶的高度。如果太低的话，面团在烘烤的过程中会和旁边的面团粘在一起。

　　除了长条形以外，前面照片中还有烟盒、蘑菇、双胞胎等较小的形状，这些也是法国传统的餐食面包。

应用篇

留下面团待日后烘烤的方法

1. 分割面团时，取下必要用量后，其余面团放入塑料袋内，均匀延压成 1~2cm 的厚度，放入冷藏室保存。这样也是在进行冷藏熟成。
2. 次日或第 3 天，由冷藏室取出面团，面团温度约 5℃，静置于温暖处 1 小时左右。（面团温度会上升到 20℃左右，随室温有所不同。）
3. 确认面团温度达 17℃以上后，接着进行从步骤 15 开始的工序。

※ 法国面包以外的面团都可以冷冻保存，但没有添加砂糖、黄油的法国面包面团不适合冷冻保存。很遗憾，2~3 天的冷藏熟成已经是极限了。

由外侧向内对折。

在身前的闭口处以手掌根部按压。

最后发酵·烤前工序

22

使用P.51"关于整形"中介绍的方法将面团放在布上,最后发酵60~70分钟。小个面团(步骤18、19、20的)要表面朝下放置。(这期间预热烤箱:在烤箱底部放入蒸汽用烤盘;把置面包烤盘翻面后插入烤箱,如果烤箱有上下层,则插入下层;温度设定为220℃。)

23

用硬木板或厚纸板将面团移到转移板(木板或厚纸板,参见步骤24的照片)上。在转移板上,每个面团下面都要铺有烤盘纸。

24

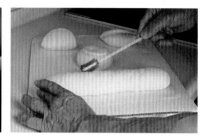

在细绳面团上划出1道割纹。

烘烤

25

将步骤24的转移板放入烤箱深处,让面团连同烤盘纸一起落到反面放置的烤盘上。

26

接着往底部蒸汽用烤盘内注入50ml的水(要小心急遽产生的蒸汽)。这种面包若是加蒸汽过多,无法呈现出割纹。关闭烤箱门,并将温度调降至210℃。

27

烘烤时间细绳为20分钟,其他的小型面包为17分钟。若有烘烤不均匀的状况,要打开烤箱,将烤盘的位置前后对调。

28

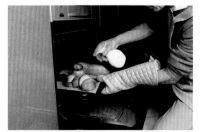

若面包表面光泽不足,可在烘烤中打开烤箱,直接在表面喷淋水雾。

29

待全体呈现美味的烘烤色泽时,就可以了。面包取出后,只要逐一轻轻地扔在工作台上,就会有震击、防止烤后收缩的效果。

 **Chef's comment** 从 最 后 发 酵 至 烘 烤 完 成

● 最后发酵 / 烤前工序

在温度 32℃、湿度 75% 的环境中进行最后发酵。用时大概 60~70 分钟。最后发酵的时间越长，面团体积越大，烤出的面包也比较轻盈。但初学者很难掌握分寸，可以试着碰碰面团，如果发现面团的反抗力变弱了（不再反弹了），就可以放入烤箱。当你熟练之后，再慢慢地延长静置时间。

● 烘烤

以 210℃、20 分钟为目标。首先把置面包的烤盘翻面，提前插入烤箱。同时，把蒸汽用烤盘放在烤箱底部。

在和烤盘一样大的板上铺上烤盘纸，把发酵完成的面团放在上面，卷折闭口朝下。小个面团则是将原本（最后发酵时）朝下的一面朝上放置。稍微晾干后，将细绳面包面团的表面用割刀（可以把双刃剃须刀插在一次性筷子上做成）划开。第一次尝试的时候有点难，请在面团表面以斜 45° 的角度切入 5mm 的深度来划开口子，在面团中央纵向切一字形。

都准备好后，把面团连同烤盘纸一起送到已放入烤箱的翻转的烤盘上，迅速抽出板子。当面团顺利地落在烤盘上后，将 50ml 的水快速倒入已放入烤箱的蒸汽用烤盘中，然后关闭烤箱门。因为蒸汽会迅速产生，所以要尽量让全部蒸汽都留在烤箱中。

尽管如此，这一系列的动作还是会使烤箱内的温度急剧下降，所以请把原定的烘烤温度调高 10℃，设到 220℃。待全部动作结束，关上烤箱门的时候，再把温度调降到 210℃，一直烤到最后。出现烤色不均匀的时候，要在中途将烤盘位置前后左右交替，调节烤出来的面团颜色。

烤好后把面包从烤箱取出。如果有条件，可以称一下面包的重量，若烧减率为 22%，则是完美。

将烤好的面包加上又冷又硬的有盐黄油，大口大口地吃，是很好的享受！

Bread making tips
〈 面包制作的诀窍 〉

移动面团的板子

最后发酵后，对用于移动面团到烤箱的移动板（木板或厚纸板），建议用丝袜或紧身裤一类的具伸缩性的化学纤维包覆，即可避免面团的沾黏。

关于烘焙石板

在面包店内烘烤法国面包时，通常使用石底烤箱。有烘焙石板（披萨板）的人或许也想那样用，但家庭用电烤箱或瓦斯烤箱的加热力无法充分给石板蓄热。因此若是使用，反而会造成下火不足，烘烤出底部白色的法国面包。所以遗憾，我认为还是不用烘焙石板，改用反面朝上的烤盘会是比较明智的选择。（但若是烤箱能产生 300℃ 以上高温，则经过预热 60 分钟，还是可以使用烘焙石板。）

烧减率

用来确认面团在烤箱内会流失多少水分的数值。若面团的重量是210g，烘烤完成的面包重164g，则烧减率就是22%（详细→P.94），这也是最理想的状态。

可颂

CROISSANT

可颂

巧克力面包

这款面包与之前介绍的 4 种面包不同，增加了裹入黄油（在面团与面团之间加入黄油）的工序，由此制造出富有魅力的层次状态。只要掌握好重点，其实很简单。所谓的重点就是"黄油的硬度与面团的硬度相同"。这里，请打起精神来试试吧。

工 序	
■ 揉和	用手揉和（40 回 ↓ IDY 50 回 ↓ 盐 50 回）
■ 面团温度	22~24℃
■ 静置时间	30 分钟
■ 分割	无
■ 冷冻	30~60 分钟
■ 冷藏	1 小时～一夜
■ 裹入油、折叠	四折叠 2 次
■ 整形	等腰三角形（底 10cm，高 20cm，45g）
	正方形（9cm×9cm，45g）
■ 最后发酵（27℃、湿度75%）	50~60 分钟
■ 烘烤（220℃→210℃）	8~11 分钟

IDY：即溶干酵母　AL：自行水解

配方（材料）

Chef's comment

材料的选择方法

使用法国面包粉（准高筋面粉）。如果用高筋粉，面包吃起来太强韧，欠缺松脆感。如果没有法国面包粉，则请在高筋面粉中替换 20% 左右的中筋面粉或低筋面粉来使用。

使用低糖酵母，也就是普通的即溶干酵母。因为这个面团要求的温度较低，所以材料用水温度会相当低，这样，将即溶干酵母与面粉混合后加水的话，面团温度会急剧下降，让酵母的活性受到抑制。我们是先在面粉、砂糖中加入低温的水，揉成块状后，在确保面团温度在 15℃ 以上时再加入酵母。

厨房常备的盐即可。

平常使用的砂糖即可。

因为要制作美味的可颂，所以请一定使用黄油。因为面团揉和的时间短，所以黄油要先软化成一定程度的膏状，在揉和的开始就加入面团。

厨房常备的牛奶即可。

这款面包与其他面包不同，面团揉好时的温度要控制在 25℃ 以下，尽可能在 22℃ 左右，所以使用的是冰水。请于前一天先将材料用水装入塑料瓶内，放入冷藏室备用。夏天时，这样的塑料瓶冰水也可以用来制作其他面团。

12 个 45g 面包的分量

材料	面粉 250g 时的重量（g）	烘焙百分比（%）
面粉（法国面包粉）	250	100
即溶干酵母（低糖型）	7.5	3
盐	5	2
砂糖	15	6
黄油（膏状）	12.5	5
牛奶	75	30
水	75	30
裹入用黄油	125	50
合计	565	226

其他材料

▨ 刷涂蛋液（鸡蛋：水 = 2：1，并加入少许食盐） 适量
▨ 内馅用巧克力 适量

揉和

1

将面粉和砂糖放入塑料袋中，使袋子充满空气鼓起后振摇。用一只手抓紧袋口封闭，另一只手的手指按压袋子底角，如此，袋子就会变得立体，摇晃时容易让粉末混合。

2

加入已软化成膏状的黄油、牛奶和水。

3

再次使塑料袋饱含空气成立体状，用力摇晃，使材料撞击袋子内壁，形成松散状的面团。

4

将塑料袋放到工作台上用力搓揉，使面团进一步结合。

5

把塑料袋内侧翻出，将面团取出放至工作台上，揉和 40 回。

6

再次摊开面团，加入即溶干燥酵母。

7

揉和 50 回左右。

※ 可颂不需要那么多面筋组织，所以面团不进行自行水解。

8

再次摊开面团，加入盐。

Chef's comment **关 于 揉 和**

● **揉和**

这个面团在最初的揉和阶段，与法国面包相比，面筋更弱。也就是说不需要去追求面筋的产生。而之后，将黄油夹入面团多次折叠的步骤其实也是一种揉和。

因此，如果从一开始就充分揉和，使面团连结过度的话，在折叠夹入黄油的时候，面团操作就会显得很吃力，结果就会造成过度揉和（过度搅拌）。顺便说一下，这个面团连自行水解也不需要。

这个面团也很适合用塑料袋制作。事先只将粉类放入袋中摇晃均匀，接着放入在室温下软化成膏状的黄油，冷的牛奶、水，以及空气，再次封口用力摇晃，让材料像拍打在袋子内壁上一样。

面团在袋子里会变得松散（多个块状），所以要把袋子放在工作台上，从袋上继续揉。揉到一定程度后，把面团从袋里拿出来，揉 40 回左右，然后加入干酵母，再揉 50 回左右。待即溶干酵母与面团融合后，加入盐继续揉。

我再次重申，不要产生强的面筋。让所有材料均匀混合，在一定程度上不黏就足够了。请将其视为一个硬面团开始制作。

因为这个面团的温度要比其他面包的面团低，所以在气温高的时候，请调整室内的温度，同时用冷水袋冷却工作台，这比空调更有效果。

工作台的温度调整

在一个大的塑料袋里装入 1L 的冷水，放在工作台的空闲区域，不时地更换工作区域。冷却工作台比降低室温更能影响面团温度。我的工作台如图所示是石制的，具有较好的蓄热性。

⑨

※ 面团连结到这个程度就可以了。

重复 50 次"延展""折叠"的动作。

面团温度

⑩

量测揉和完成的面团温度（以 22~24℃为宜）。

静置时间

注意避免干燥！保持室温！

⑪

在碗里均匀地涂刷黄油，把收合好的面团封口朝下放入，置于约 27℃的地方进行 30 分钟的发酵（与其说是发酵，不如说是让面团休息）。※ 在此期间，准备裹入用黄油（→ P.59）。

⑫

30 分钟后，放入塑料袋内。

⑬

用擀面棍在塑料袋上按压，将面团延展成 1cm 厚度。

注意避免干燥！

⑭

```
放入冷冻室
30~60 分钟，
充分冷却。
```

确认充分冷却

注意避免干燥！

⑮

```
移至冷藏室，
放置 60 分钟到一整夜的时间以
冷藏熟成。
```

Chef's comment 从揉和完成至面团冷藏

● **面团温度**

面团温度要在 25℃以下,以 22℃为目标。为了揉好后面团的温度比普通面团的低,要在开始时注意材料的温度。面粉是室温,自来水在夏天也不是很冷,所以要注意每种材料的温度,并在揉和过程中创造较低的环境温度,以降低成品温度。

● **静置时间**

这个阶段与其说是发酵,不如说是让面团静置,让揉和连结成的面团呈现松弛光滑的状态就可以了。避免变干,放在不太热的室温下 30 分钟。(在这 30 分钟内准备裹入用黄油,参见右侧。)之后将面团放入塑料袋中,冷却后送入冷藏室慢慢发酵熟成。

● **分割**

此次准备的面团量少,不需要进行分割。在面包店里,会一次准备大量的面团,所以混合好的面团送去冷却前要进行分割。

● **冷冻冷藏**

将面团放入塑料袋后,用擀面棍从塑料袋上将面团擀压成 1cm 厚的薄片。这样做可以让面团容易在冰箱中冷却,另外,想要回到室温的时候也容易。

放入冰箱冷冻 30~60 分钟,到面团周围冻住的程度就可以了。冻好后,请在晚上睡觉前把装有面团的塑料袋从冷冻室移到冷藏室。

第二天要裹入黄油时,从冷藏室取出面团。在此之前的 15~30 分钟,请把昨天准备好的黄油从冰箱冷藏室取出静置,回到室温,让黄油硬度下降、容易延展。

准备裹入用黄油

①将黄油切成相同的厚度,放入略厚的塑料袋(最好是宽 20cm 的)。

②先用手压扁,不要留有缝隙。

③用擀面棍敲打或按压,延展开黄油。

④擀压成 20cm 见方的正方形,而后尽快放入冰箱冷藏。

※ 黄油片在裹入面团前的 15~30 分钟要从冷藏室取出回温,使其与面团有相同的硬度。

裹入油 · 折叠

16

面团擀压延展成裹入用黄油的 2 倍大，将裹入用黄油 45° 交错地放置在面团上。

17

用面团包裹住黄油。注意不要让面团边缘重叠太多。

18

用擀面棍从上方压实面团的接合处。

19

基本保持 20cm 的宽度，将面团上下擀压延长到约 60cm。

20

仔细扫去面团表面的手粉，将面团的上端稍微折一下，然后将面团从下往上折至与上端衔接。用擀面棍轻按压面团中部。

21

再次由下往上对折面团，使整体成为 4 折叠。※ 如果操作时间较长，导致面团温度上升而变得沾黏，就把面团装入塑料袋，放入冷藏室冷却。

22

将面团转向 90°，以 20cm 为宽度，如先前般上下延长到 60cm。

22

仔细扫去手粉，与步骤 20 同样地对折。

24

再次对折，成 4 折叠。装入塑料袋内，用擀面棍平整形状，而后放入冷藏室静置 30 分钟以上。

Chef's comment 开 始 裹 入 油

● **裹入油·折叠**

终于开始用面团包黄油了。

将从冰箱冷藏室拿出的面团从塑料袋中取出（用美工刀从侧面切开塑料袋）。将面团擀成正方形，面积刚好是准备好的黄油片的两倍。在与面团45°错开的位置，放上与面团相同硬度的正方形黄油。

将黄油下方露出的4角面团盖在黄油上，像用方巾包点心盒一样。让面团边缘粘接，完全包住黄油。此时用擀面棍把粘接位置凸出的面团稍微擀开，这一步比较简单。面团要紧密地粘接在一起。然后用擀面棍把包着黄油的面团擀薄，如果早前面团粘接不够结实，黄油就会从薄弱处溢出。

用擀面棍将面团沿一个方向擀成约3倍长的薄片。请慢慢逐步地延长。制作要点是要让面团的硬度和黄油的硬度一致，只要保持住这一点，面团就能顺利地延长。

等面团延长到3倍后，将其折叠成4折。在左侧图示中，换个方向还要进行同样的操作。初学者可能会花费比较长的时间，面团温度就会上升，所以可以先做一次四折叠，然后将面团放入塑料袋保湿，送入冰箱冷藏大约30分钟。但如果面团保持低温、不会沾黏，也可以连续作业。

将刚才对折的面团转向90°，再以同样的方法延长到3倍长，折4折叠。避免干燥，冷藏30分钟以上。

取出面团的方法
取出冷却的面团时，用美工刀将塑料袋侧边切开，效率比较高。

扫除多余的手粉
在折叠面团时，要及时扫去多余的手粉。

整形

25

确认面团充分冷却后,再次以 20cm 为宽度,上下擀压延长成厚 3mm 的长片 (长约 60cm),切齐两侧长边。在一侧长边上每间隔 10cm 做出标记 (即 6 等分),另一侧则是错开 5cm 地同样以 10cm 间隔进行标记。

26

分切成底 10cm、高 20cm 的等腰三角形。用于巧克力面包的面团则分切成 9cm×9cm。

27

将分切完成的面团平放在不锈钢平底托盘上,再次放入冰箱降温至冷藏室温度 (约 30 分钟为宜)。

28

确认面团充分冷却后开始整形。

可颂

在等腰三角形底边中央切一刀,打开切口两边、轻轻压住,再轻轻地卷起面团,以卷完时三角形的顶点正好碰到烤盘上的程度为佳。

巧克力面包

用擀面棍按压正方形面团的下半部分。在将来上下两面的接合处涂刷鸡蛋液。在适当位置放上巧克力,再把上方面团盖下来,上方面团要比下方的长,然后在上方面团表面划 2 道口。

(Chef's comment) **关 于 整 形**

● **整形**

　　面团 2 次折成 4 折后，放入冰箱冷藏 30 分钟以上，然后开始整形。

　　面团擀压成宽约 20cm、厚 3mm 的长薄片。终于可以分切了。用小刀（或披萨滚刀）切成底边 10cm、高 20cm 的等腰三角形。分切完毕，休息一下。操作到这里，面团的温度上升，黄油会变黏糊，所以请把等腰三角形面团并排放在托盘上，放入冰箱冷藏 30 分钟，让面团再次冷却。

　　确认面团充分冷却后，从其底边开始卷。这时，如果碰压到切口位置，就会压碎难得的黄油层，所以要小心避免。卷到终端还留下一点的状态（吐舌头状）结束，把面团摆放在烤盘上，彼此留出均等的距离。（如果想全部卷完，到面团终端刚好碰到烤盘的时候结束，终端的位置也会因为面团的炉内伸展而改变。专业面包师制作的面团，即使卷完后还会留着一点"尾巴"，也会随着炉内伸长的进行，在烘烤的时候刚好卷完、卷到三角形顶点。）

　　在最后发酵、炉内烘烤的过程中，面团会增大到 4 倍，所以请充分考虑、留出足够间距。最理想的是 3.5 卷。在避免面团断裂的情况下把等腰三角形的等边部分稍微拉长，面团卷起来会更漂亮。

也有压扁的方法

等边三角形的底边除了切开之外，也有用擀面棍压扁后再开始卷起的方法。

Bread making tips
〈 面包制作的诀窍 〉

整形时注意

整形时，注意不要碰到切开的可颂面团断面。为了让断面，特别是三角形顶点部分烤出漂亮的层次，要特别注意不要压扁这些部分。

以三角形顶点卷完时正好触及烤盘为目标卷成形。摆放到烤盘时彼此间留出充裕的空间。

应用篇

**留下面团
待日后烘烤的方法**

1. 面团切成等腰三角形（或是别的形状）后，装入塑料袋避免干燥，冷冻（不能冷藏）保存。请于一周内使用完毕。

2. 次日或 2~3 天后，由冷冻室取出面团，静置于室温下 10 分钟，然后从步骤 28 开始。

最后发酵 · 烤前工序

| 29 | 30 | 31 |

将面团在烤盘上以充裕间隔排放,进行 50~60 分钟的最后发酵。无法全部一起烘焙时,留待稍后烘烤的面团先放至低温环境中。(这期间同时预热烤箱:放入底部蒸汽用烤盘,温度设到220℃。)

最后发酵完毕,在面团表面仔细地涂刷蛋液,注意避免将蛋液涂至面团切口。待涂刷的蛋液呈半干状态时,将烤盘放入烤箱。

在面团放入前,在烤箱底部的蒸汽用烤盘内注入 200ml 的水(要小心急遽产生的蒸汽)。如此就可以避免烘烤时的干燥了。

烘烤

| 32 | 33 | 34 |

接着立刻将排放面团的烤盘放入。(烤箱分上下层时,放入下层。一次烘烤一片烤盘)。关闭烤箱门,并将温度调降至210℃。

烘烤时间为 8~11 分钟。若有烘烤不均匀的情况,要打开烤箱,将烤盘的位置前后对调。

待全体呈现美味的烘烤色泽时,就可以了。取出后,在距工作台10~20cm高的位置连同烤盘一起摔落,像可颂这样的层状面包会有显著的效果(详细→P.94)。

放入第二片烤盘时

再次将烤盘温度调高至 220℃,重复从步骤 30 开始的工序。

 **Chef's comment** 从 最 后 发 酵 至 烘 烤 完 成

● **最后发酵**

在温度 27℃、湿度 75% 的环境中进行最后发酵。黄油的融化温度是 32℃，所以请在比 32℃ 低 5℃ 的 27℃ 或以下的环境中进行。大约需要 60 分钟。

● **烘烤**

把面团从发酵箱取出，稍微晾干后再涂刷蛋液。这时如果蛋液覆盖到黄油层（面团的断面）上，黄油层就会展不开，所以请注意避开黄油层涂刷蛋液。

以 210℃ 的温度需要烘烤 10 分钟左右。在此慢慢烘烤，让面团里的水分流失，黄油稍微烤焦，黄油的焦香味会进入面包，让面包变得更加美味。

请注意，如果烤箱的温度太低，就不会产生有光泽的美味烤色。

烤出诱人的色泽后，就大功告成了。从烤箱里取出后，这种面包一定要进行台面撞击。可以轻轻取出一个面包另外放置，再把其他面包连同烤盘一起重重摔落在工作台上，就能明显看出台面撞击的效果。也就是说，刚烤好就给予震击的面包会保留更大的气泡腔体，从而有良好的口感。而且可颂面包的空气层丰富，进行切面比较会更清楚地看到差异，所以非常推荐和未震击面包作比较。详细请见 P.94。

点心面包的内馅和表面材料

从 P.34 起的点心面包中所使用的蜜渍红豆馅、红豆沙馅、栗子馅、南瓜馅，建议使用市售品。若是觉得过稀，就略加熬煮使其变硬，若觉得过硬就试着加少量水再煮。还有个秘法是和喜欢的面包店搞好关系，或许店家会少量出售。

卡士达奶油馅

各材料重量（单位：g）

牛奶使用右侧重量时	100g	200g	400g
①牛乳	100	200	400
②上白糖	15	30	60
③蛋黄	24	48	96
④面粉（低筋）	4	8	16
⑤玉米粉	4	8	16
⑥上白糖	10	20	40
⑦白兰地	3	6	12
⑧黄油	10	20	40
⑨香草油	少许	少许	少许
合计	170	340	680

制作方法

1 在平底锅中放入①牛奶，加热。接着慢慢地在牛奶中倒入②上白糖。这样在牛奶的底部就产生了一层糖的薄膜，因砂糖的焦糖化温度为 160℃，所以几乎不用担心烧焦。

2 在此期间，在缸盆中放入④面粉、⑤玉米粉、⑥上白糖，用搅拌器均匀混拌。而后放入③蛋黄，再次用搅拌器拌匀。接着加入⑨香草油。

3 待步骤 1 的牛奶沸腾后熄火，将其中的三分之一倒入步骤 2 的缸盆中，迅速用搅拌器混拌。此时缓慢地混拌会形成不均匀的硬块，所以请务必迅速动作。

4 待步骤 3 混拌完成后，全部倒回平底锅的牛奶中，再次加热，此时也同样迅速地用搅拌器混拌，待沸腾后熄火，加入⑧黄油。

5 再次加热至沸腾即完成。此时加热的程度会决定卡士达奶油馅的硬度，因此要记住沸腾后加热了几分、几秒。

6 熄火，加入⑦白兰地充分混拌，尽快倒入铝制托盘或其他薄容器内，覆盖保鲜膜后放入冷藏室冷却。这时候冷却得越快，卡士达奶油馅的保存性越好。

酥菠萝皮

各材料重量（单位：g）

面粉使用右侧重量时	100g	200g	400g
①黄油	30	60	120
②上白糖	50	100	200
③蛋黄	8	16	32
④全蛋	10	20	40
⑤牛奶	12	24	48
⑥面粉（低筋）	100	200	400
⑦泡打粉	0.5	1	2
合计	210.5	421	842

制作方法

1 在⑥面粉中加入⑦泡打粉，过筛备用。

2 将①黄油放至回到室温，将②上白糖摩擦般地混拌入。

3 将③蛋黄、④全蛋和⑤牛奶混合，加热（至 32℃）备用。到步骤 5 混合好的材料温度应为 27℃左右，所以夏天或冬天时，可能要调整这里的加热温度。

4 将步骤 3 分 3~4 次加入步骤 2，避免二者分离。

5 当步骤 4 成漂亮的膏状时，加入步骤 1 的粉类，用橡皮刮刀（或木铲）混拌至粉类完成消失为止。放入冷藏室一夜，让淀粉充分水合即完成。

6 分切成与菠萝面包面团等重，用擀面棍擀压成比面团大 1 倍的圆形片状。

STEP 2

制作面包的材料

本书尽量用少的材料种类，来做出美味的面包。为此，本章收集了最低限度需要了解的材料知识。

而面粉是分散的形态，你想要向里面加什么都可以（当然，也有像生菠萝之类的不宜添加者）。各种有益健康的材料、补品、自己种植的蔬果等，只要你掌握了这里的基础知识，都可以用来做出属于自己的面包。让人期待！

面粉

1 对面粉的考量

本书中使用的面粉，是根据想要做的面包，然后以蛋白质（主要是醇溶蛋白和麦谷蛋白）的多少为主要指标来选择的。当你看到市面上有很多面粉种类后，可能会困惑吧。本书中介绍的做法不考虑面粉的具体品牌种类，只要用的是面包用粉（高筋面粉）或面条用粉（中筋面粉）都可以。更深入些考虑，不同品种的面粉会影响面团水的用量和最终的面包体积。不过，美味的面包都是能烤出来的，所以请不要太在意了。

一般来说，面粉中蛋白质含量越高，形成的面筋就越多，面团就越强韧，需要更有力地揉和/搅拌。由于本书中介绍的做法是用手工揉面，没有使用机器，所以配方中面粉的蛋白质含量控制在11.0%~11.5%，这样比较容易操作。

的确，面粉中的蛋白质含量越高，面包就越松软、饱满，刚烤好的时候吃起来也比较软。但是也请记住，面包一旦冷了就会变硬，不容易咬断。

"面团"与"面包"

在面粉中加入水，混合后制成的是面团，但我们吃的是面包。那么面团在什么时候变成面包呢？乍一看似乎无关紧要，但这是制作面包的关键。支撑面团的骨骼是由蛋白质组成的面筋，但是烤好的面包的骨架是α化（糊化）的淀粉。也就是说，把面团放进烤箱，面团慢慢升温的时候，面筋（蛋白质）会被淀粉夺去水分，改变特性，失去弹力；另一方面，此时淀粉通过从面筋中获取水分，从β类型（生淀粉状态）变成α类型，这个时候就是面团变成面包的时候。

但是，即使是蛋白质含量高的面粉，如果加入了大量砂糖、黄油等副材料，从理论上来说，面筋的连结就会变弱，烤出来的面包也不会有太大的弹性。

2 为什么是面粉？

世界上有各种各样的谷物，大米、小麦、黑麦、大豆、玉米、小米、稗等，这些谷物都可以直接以籽粒形态或磨粉后食用，如磨成米粉、小麦粉、黑麦粉、大豆粉、玉米粉等。但是人们只使用小麦面粉来制作面包（也有黑麦粉等一部分例外）。其他的谷粉就不能做面包吗？

小麦面粉之所以被用于制作面包，是因为它含有特别的蛋白质（同时含有麦谷蛋白和醇溶蛋白），将面粉加水混合，麦谷蛋白和醇溶蛋白会彼此结合，形成一种新的蛋白物质——面筋。面团之所以能膨胀，就是因为其中存在面筋。

面包酵母摄入糖后会释放二氧化碳和酒精，面筋组织包裹住二氧化碳气体，就能烘烤出柔软又膨大的面包。

请大家不要误解的是，小麦粉中并没有面筋，小麦粉中的麦谷蛋白和醇溶蛋白这两种蛋白质需要加水混合后才能产生面筋蛋白。面筋最初只是松散的结块，但通过揉面，会成长为紧密结合的可薄薄延展的组织。

在不久之前，人们一直认为面筋是借由揉捏形成的，也就是说，只有施加大量外力，面粉中的麦谷蛋白和醇溶蛋白才会逐渐结合。但现在的研究已经证明，在面粉中加水稍微搅拌一下，就会形成很弱的蛋白质结合，足以形成面筋。所以说，揉面的目的就是使弱结合的面筋成长为强结合的面筋，成为可拉薄的状态。揉和面团的时候，请带着这个想象进行，能做出更有效的动作。

3 高级面粉中的蛋白质较多?

小麦粉根据用途分为面包用粉(高筋粉),面条用粉(准高筋粉、中筋粉),点心、油炸用粉(低筋粉)。还有按等级划分为一级粉、二级粉、三级粉、末级粉。面粉用途的不同,主要是和小麦品种有关。但面粉等级与小麦品种无关,是根据取用的麦粒部位而定,麦粒的中心部分灰分较少,颜色较白,用此制成的面粉等级较高,价格也较贵。但是这里说的等级和做面包时不可缺少的蛋白质的量没有关系,反而是等级高、色白的面粉,蛋白质的量比较少。这是因为在磨制小麦粉时,以小麦的中心部分作为一级粉材料,外侧作为二级粉材料;也就是说,小麦的中心部分虽然粉色白,但所含成分多为成熟的淀粉,而蛋白质、矿物质、食物纤维(麸皮)的成分越往外侧越多。

● **小麦粒的各部位**(% 数值是占整个小麦粒的重量比)

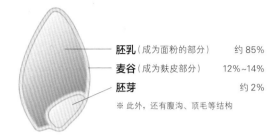

胚乳(成为面粉的部分)	约85%
麦谷(成为麸皮部分)	12%~14%
胚芽	约2%

※ 此外,还有腹沟、顶毛等结构

● **面包用粉的成分**

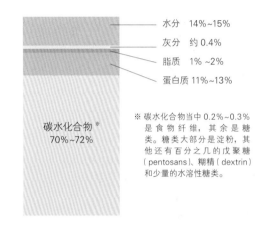

水分	14%~15%
灰分	约0.4%
脂质	1%~2%
蛋白质	11%~13%

碳水化合物※
70%~72%

※ 碳水化合物当中 0.2%~0.3% 是食物纤维,其余是糖类。糖类大部分是淀粉,其他还有百分之几的戊聚糖(pentosans)、糊精(dextrin)和少量的水溶性糖类。

4 日本产小麦与外国产小麦 *

以前，人们认为面包用小麦只有加拿大产、美国产等外国产小麦。但是，现今北海道开发的"春之恋""梦之力"，以及关东的"梦香"等小麦品种和面粉已可以在市场上买到，不输给外国产小麦面粉。虽然有点贵，但是从提高粮食自给率的意义上来说，还是希望大家积极地用国产小麦面粉制作面包，在面包制作特性方面一点也不逊色于外国产小麦面粉。

不过，也有必须注意的地方。小麦起源于西亚的干旱地区，在温暖湿润、有梅雨的日本，麦类容易发生赤霉病，因此其栽培需要专业的经验技术。栽培不是我们这些外行人可以随便做的事情。种植时请专业人士指导，使用时检查霉菌毒素［脱氧雪腐镰刀菌烯醇（DON），雪腐镰刀菌醇（NIV）］含量，即使是看起来很健康的谷物，也有可能达到1.1mg/kg的暂定标准值。

5 新麦与热粉

一直以来，人们都认为刚收成的小麦用于制作面包时性能较差。确实，小麦是农产品，根据年度、气候的不同品质会有差异。另外，刚磨制的面粉也被称

为热粉（绿粉、嫩粉），被认为在做面包时存在问题。

但是，请想一下：大米、荞麦、玉米等很多谷物收获后即制粉食用，是最好吃的时候。小麦粉会是例外吗？荞麦面就是典型的例子，现磨、现打、现煮被称为"三现做"，再加上麦粒现割，被称为"四现做"，是最美味的吃法。

那么，以下是笔者个人的想法，我相信小麦在刚收获、刚制粉、刚烘烤出炉的时候是最好吃的。但是很遗憾，由于小麦的年份不同，使用刚制好的面粉，有时会感觉到面团的黏稠和松散，确实不易操作。不过，这种难操作的问题在制粉后的一周内就基本消失了。会遇到这种问题的，原来是在用机器大量生产面包的情况中。而一般家庭手作面包，几乎不可能遇到收获后一周内磨成的面粉，所以手工制作几乎感觉不到这种困难。也就是说，你有机会做出比市面上卖的面包更美味的家庭面包。

编者注：* 作者是日本人，本译著在提到"外国"概念时，保留原文意。

面包酵母

※本书当中，使用的全部都是即溶干酵母（低糖型）。

1 制作面包用的"面包酵母"的种类

被称为酵母的东西被分为 41 个属 278 种，其中面包酵母被分在某个属的酿酒酵母种中。但是，酿酒酵母不仅包括面包酵母，还包括清酒酵母、啤酒酵母、葡萄酒酵母等酿造用酵母。顺便说一下，1g 面包酵母（鲜酵母）中有 100 亿个酵母。

市面上的面包酵母有很多种类：鲜酵母、干酵母、即溶干酵母、半干酵母……这些都是形态不同，但本质相同的酵母。但酵母形态不同，使用的方法也有所不同，所以请掌握正确的方法加以实践。（只要面包酵母的发酵过程正确，就能烤出松软美味的面包。请不要害怕，尽情享受做面包的乐趣吧。）

此外，各种面包酵母的发酵力、香气（也有带玫瑰香味的面包酵母）、味道、在面团中的产物、发酵秉性（有前半段发酵力强的酵母和后半段发酵力强的酵母）都有所不同，还有耐高糖、耐冷冻、耐冷藏等优异的特性，以及在一定温度以下发酵力会极端减弱的特性等。越是去探究，面包酵母的世界越是趣味无穷。

2 即溶干酵母与天然酵母

在很多地方都能看到"天然酵母"的字样，但这是正确的表达方式吗？酵母是生物，而我们人类还没有亲手创造出生物，因此，世界上还没有"人工酵母"。在表示法上，对于不存在人工个体的东西不能使用"天然"这个词，就像人类中没有"人造人"，所以也不能称"天然人"一样。

另一方面，在日本做过问卷调查，一半以上的人认为酵母（yeast）是化学合成物质，对身体不好。前面已经说过，yeast就是酵母，也就是说，是一种存在于自然界中的生物。

尽管如此，在日本消费者的误解还是很难消除，因此，以面包厂商、研究机构为主的委员会讨论后决定，在日本取消"酵母（yeast）"和"天然酵母"的说法，将原来的"酵母"改称为"面包酵母"，将原来的"天然酵母"改成"自制发酵种""葡萄干种""酒种"等表现材料的词语。各地的面包店也渐渐按这样称呼。

面包酵母的种类和水分

本书中，只使用容易买到、初学者也容易上手的即溶干酵母来制作基本的面包。如果能得到鲜酵母来制作也很不错。和附近的面包店熟识的话，估计对方会乐于分享，除此之外，他还会给你很多做面包的技巧、建议，所以，请和附近的面包店像和家庭医生相处般建立友好关系吧。

但是需要注意的是，鲜酵母的水分含量为 68.1%，而即溶干酵母的水分含量为5%~9%。使用鲜酵母的话，为了有同等发酵力，使用量应该是原来干酵母的约2倍。（严格来说，使用鲜酵母后，面团材料水要适当减少，例如，用4%烘焙比的鲜酵母的话，面团水分就会增加4%×0.68=2.7%的烘焙比，面团会变软，所以需要适当减少用水。）

3 即溶干酵母的使用方法

即溶干酵母的使用原则是添加到"**面团**"中，也就是说，在揉面之初不放入即溶干酵母，只放入面粉等其他材料揉和，等到没有粉末状、形成面团的时候加入即溶干酵母。

一般来说，面包酵母最喜欢的活动温度是28~35℃。即溶干酵母有个弱点是，接触15℃以下的水或面团会导致活性明显降低。冬天的时候，我们用温水做面团，不会遇到这个问题；但是当夏天用冰水做面团以调温，或者制作可颂面包这样需要保持低温的面团而使用冰水时，就必须注意了。

COFFEE TIME

发酵温度和发酵力

面包酵母的发酵力相对来说在40℃附近时为100%，20℃时约25%，30℃时约70%，过高的50℃时约40%，60℃时酵母死亡。

也有人为了提高酵母的活性，在温水中溶解即溶干酵母。的确这会在初期提高面包酵母的活性，但是如果水的温度、溶解时间等不一致的话，酵母活性会出现偏差，最终导致面包成品的状况也出现偏差，所以不太推荐这种方法。

4 关于即溶干酵母的保存

即溶干酵母是真空包装的，在未开封的状态下常温保存 24 个月是没有问题的。但开封后再保存，要密封好以避免接触空气和水分，原则上放入冰箱保存。

COFFEE TIME

酵母在面团中的作用

面团当中，来自面粉的α淀粉酶会把淀粉转化成糊精，β淀粉酶会把糊精分解成麦芽糖。这些麦芽糖会在酵母细胞膜上的麦芽糖通透酶的帮助下进入酵母当中，被酵母内的麦芽糖酶分解成葡萄糖。作为副材料添加的砂糖，会被酵母细胞表面的转化酶分解成葡萄糖和果糖，再由通透酶引导进入酵母内。这些葡萄糖、果糖会被糖代谢酶分解成二氧化碳和酒精，排至酵母之外。这些酒精成分就是面包香气的来源，二氧化碳则会使面团膨胀。

面团中酵母的作用

- 葡萄糖
- 麦芽糖
- 砂糖（蔗糖）
- 果糖
- 麦芽糖通透酶
- 转化酶
- 葡萄糖通透酶
- 果糖通透酶

淀粉　淀粉酶　砂糖（蔗糖）　麦芽糖酶　糖代谢酶　面团　气泡　二氧化碳　香气　酒精　面包酵母

盐

1 盐的种类

烹饪时会用到各种各样的盐，在简单的料理，如饭团、腌货、意大利面汤中可以直接品尝出不同盐的味道。但有点遗憾，在面包制作中即使使用讲究的盐，味道和香味也很难改变。虽说如此，请相信盐是很重要的材料。可以使用厨房里常用的盐。

2 盐的添加时机

面包的技法中，有一个"后盐法"。因为盐会收敛面筋，使其不易延拉。如果使用专业的搅拌机，不用太担心这个问题。但在力量有限的手工制作中，应该在不放盐的状态下揉和面团，让面筋充分连接、延长后再加入盐，这样就可以轻松地将面团揉和好。

盐几乎都是以颗粒状态直接加入面团的；讲究的话，可以先用一部分材料水溶解后再加入面团。如果用机器搅拌面团，一开始就放盐，需要注意的是面包酵母（即溶干酵母）和盐不能放在一起，因为渗透压会破坏酵母的活性，这就像在蛞蝓上撒盐它会脱水一样。

3 盐的用量

毫不夸张地说，面包的口感味道是由盐的添加量决定的。盐的量除了影响调味之外，对酵母的活性也有很大影响。在100%的面粉中添加0.2%左右的少量，能增强面包酵母的活性；而多于0.2%，则会阻碍酵母的活性。盐和糖的量，在味道的平衡关系上是相反的，除此之外，考虑对酵母的渗透压，也是糖添加多时，盐就添加少。

对用盐量的思考

盐无论从调味上还是从面包制作特性上来说，都是不可缺少的材料。但是，也必须考虑到盐对面包酵母的渗透压。也就是说，盐浓度和糖浓度过高的话，酵母的活性会受损。

具体来说，在配方中砂糖的量越多，面包酵母的用量也必须增加，此时，从味道平衡和面包酵母活性的角度考虑，盐应该与砂糖相反地减少。

糖

1 糖的种类

糖有上白糖、细砂糖、黑砂糖、白砂糖、黄砂糖、三盆糖等很多种类。有时为了家人的健康，厨房里会使用特别讲究的糖，那么做面包时也请使用。虽然味道会有一些变化，但在面包制作的适应性上没有太大的区别。

2 糖的添加量

不同的面包种类，添加糖的量不同。糖的用量能代表面包的特征，虽然还有很多其他要素，但确实可以这么说。

本书根据糖的用量对面包进行了分类，从中选出具有代表性的面包，在第1章和第4章中介绍。虽然每款面包的糖的用量不一定限于配方中的数字，但了解自己喜欢的配比相对面包的标准值处于哪个位置是很重要的。

3 甜度

糖的种类不同，甜度也不同。甜度反映的是人的感受，又称比甜度，是以蔗糖为100，其他糖类的甜度数据通过感官试验（在15℃、15%溶液的条件下）来获得。果糖为165，葡萄糖为75，麦芽糖为35，乳糖为15。想要减肥的人可以使用高甜度的糖来减少糖的使用量，做出甜的面包。更在意的人可以使用高甜味剂阿斯巴甜、甜菊糖，但使用这些高甜味剂时，需要多下点功夫。

因为高甜味剂不能成为面包酵母的营养来源，所以在酵母发酵期间需要添加少量酵母可食用的糖（除乳糖外的二糖及以下的糖，即蔗糖、麦芽糖、果糖、葡萄糖）作为其营养（每小时发酵添加1%）。

4 产生面包美味的化学反应

糖的存在不仅是为了甜味，对面包的美味、香味和颜色的生成也有贡献。

首先，酵母的发酵反应把糖分解成酒精和酯类，产生了那迷人的味道和香味。另外，在高温下，糖会和蛋白质产生梅纳反应，还会发生焦糖化，这些除了带来味道、香味之外，还带来面包的烤色。

焦糖化反应一般在110~180℃时发生，因糖的种类而不同。另一方面，梅纳反应在常温下也能发生，但反应速度较慢，在155℃附近才变得活跃。

COFFEE TIME

当你想用液态糖时

做面包使用什么种类的糖都可以，但液态糖会延缓发酵的进行。所以若使用液态糖，要多加入面包酵母（即溶干酵母）。

黄油（油脂）

1 油脂的味道和面包制作性能

　　油脂中，做面包味道最好的是黄油。但要说能让所有的面包都变得更好吃，我表示否定，代表例子就是法国面包，法国面包的特有香气、美味就是因为没有添加油脂。软法国等添加少量油脂的面包的美味，带有发酵气味，并比较清淡，因此，如果在里面添加黄油，黄油的味道就会过于突出，破坏整体味道的平衡，这种时候，香气味道不明显的起酥油或者猪油也许会更合适。

　　一般来说，固态油脂（黄油、猪油）具有良好的面包制作性能，但液态油（橄榄油、色拉油、精致大豆油等）可能更适合增加松脆的口感。另外，对于在夏天想要冷着吃的面包，比起用固态油脂，用液状油脂会有更柔软的口感。知识固然重要，但实际的面包制作经验更重要。

2 油脂防止面包老化

　　面包根据发酵时间和配方的不同，保存时间也不同，发酵时间越短，油脂添加量越少，保存期就越短。如果面团中含有大量的油脂，也有足够的蛋白质（面筋），并且经过适当的揉和，面包的老化速度就会变慢。含有大量油脂的甜面包卷自不必说，意大利潘娜多尼面包（圣诞面包）和潘多洛面包（黄金面包）也是很好的例子。德国的史多伦面包是特殊的例子，因为外层包裹有黄油，可以放 3~4 个月再吃。

3 让面包容易切

　　油脂在面包制作上有一个意外的效果，就是会改进面包的易切片性。没有添加油脂的法国面包不太好切片；无油的德国面包则含有很多戊聚糖，每次切片后

黄油的可塑范围

在糕点和面包的操作中，使用固态油脂（黄油、人造黄油等）比使用液态油脂（色拉油、橄榄油等）更容易操作；而固态油脂在可塑范围内（处于黏稠状态）的操作性更好。固体油脂是由非常细小的大量结晶和液状油均匀混合而成的，结晶的熔点并不唯一：温度高的时候，熔点低的结晶会融化，于是液态油变多，材料变软；温度低的时候，液态油的一部分结晶，于是液态油减少，材料变硬。

顺便说一下，黄油的可塑范围是在17~25℃，最佳可塑范围是在18~22℃。在这个温度范围内，黄油容易在面团中随着面筋延长，黄油搅打后容易包入空气形成奶油霜，奶油蛋糕面团和砂糖摩擦混拌的时候很容易包入空气。为了维持这个可塑范围，冬天需要把黄油、鸡蛋、面粉加热后使用，夏天则需要把鸡蛋、面粉、砂糖冷却后使用。

都要清理切片机（当然如果有德国面包专用切片机，就没有问题）。如果用面包刀（波浪刃）来切面包的话，可能困难的感觉不明显。但面包中只要加入0.5%的油脂，切片性能就会有惊人的提高。

鸡蛋

1 鸡蛋的作用

鸡蛋有增大面包体积的作用，但主要是为了让面包的内里呈现黄色，以及让面包表皮呈现更美味的烤色。当然，也加强了面包的营养。

2 鸡蛋的大小

鸡蛋会按大小卖，比如在日本超市里有 LL、L、M、S 等型号。但事实上，蛋黄的大小与整个蛋的大小无关，几乎是一样的。也就是说，鸡蛋越小，其中蛋黄的占比越大。所以，蛋糕店会根据要做的东西来区别使用不同大小的鸡蛋。例如，对于用蛋黄制作的卡士达奶油馅，就用小个的鸡蛋；对于用蛋白制作的天使蛋糕、马卡龙，就用大个的鸡蛋。

3 鸡蛋的水分

如果想要调整配方，使面包体积更大，或者使面包内里、表皮的颜色或光泽更好，就可以添加鸡蛋，或增大其比例。与此同时，配方中的用水量也必须改变。可将鸡蛋的水分含量视为 76%，据此重新计算用水量（例如，加 100g 的鸡蛋，就减少 76g 的水）。

关于水分

刚开始的时候会觉得很难，但是慢慢熟练之后就会想要调整现有的配方，做出自己喜欢的成品。此时最重要的就是弄清面包材料中的水分。如果能记住主要原料的水分，就能独当一面地做面包了，面粉是14%，鲜酵母是68%，即溶干酵母是5%~9%，黄油是16%，鸡蛋是76%，牛奶是87%，等等。另外，作为影响加水量的原材料，砂糖或油脂有5%的增减，则水量朝相反的方向变化1%。

※ 具体的计算例子如下（将 a 改成 b 时，加水量会发生怎样的变化）。
　面粉、砂糖、黄油的相关增减值来自专业人士的经验。

● 以餐包为例，不同配方对水分的影响

【材料】	a 烘焙百分比	b 烘焙百分比	加水的变化（烘焙百分比）
①面粉（高筋面粉）	100	80	
②面粉（低筋面粉）	—	20	−2 高筋面粉 100% 换成低筋面粉 100% 时，加水减少 10%
③即溶干燥酵母（低糖）	2	2	0
④盐	1.6	2	0
⑤砂糖	13	8	1 砂糖减少 5% 则加水增加 1%
⑥黄油	15	20	−1 黄油增加 5% 则加水减少 1%
⑦鸡蛋（净重）	15	25	−7.6 鸡蛋的水分是 76%，所以鸡蛋增加 10% 时，加水减少 7.6%
⑧牛奶	30	20	8.7 牛奶的水分是 87%
⑨水	20	19.1	−0.9 算上全部 "加水的变化"，减少 0.9%
合计	196.6	196.1	

COFFEE TIME

注意错误的传说
关于鸡蛋有很多错误的流传说法，请注意不要被误导。

<错误传说>
· 有精鸡蛋比无精鸡蛋更有营养。
· 有色鸡蛋（红壳）比白色鸡蛋（白壳）更有营养。
· 蛋黄颜色深的更有营养（其实饲料中所含色素的影响较大）。
· 鸡蛋含有大量的胆固醇，吃多了容易引起动脉硬化。
· 刚生下来的鸡蛋味道好。

<正确知识>
· 蛋壳粗糙者比较新鲜。
· 蛋黄会隆起者比较新鲜。
· 浓稠蛋白会隆起者比较新鲜。
· 生鸡蛋不好消化，但半熟鸡蛋比煮全熟鸡蛋更容易消化。
· 煮鸡蛋时，老鸡蛋更容易剥壳。

牛奶

1 牛奶的作用

牛奶中含有 5% 的甜味成分乳糖。乳糖因其分子结构，不能被面包酵母食用，所以不会被分解，它经过焦糖化和梅纳反应，能让面包烘烤出颜色、味道和香气。另外，在面团中加入牛奶可以强化小麦粉中的限制性氨基酸——赖氨酸等，从而提高营养价值。

但是，担心牛奶过敏的人，可以用相对稍微少一点的水替代，或者换成豆浆也可以。

2 对面团的影响

在过去，把牛奶加到面团里会让面团变得松弛、发黏，发酵过程会延迟，所以牛奶一定要煮沸过才好使用。但是，现在的牛奶大部分经过超高温短时杀菌法（以 120~150℃加热 1~5 秒的杀菌法）处理，即使直接替代水来使用，也几乎不会对面团带来变化影响。

3 其他乳制品

除了牛奶以外，市场上还有各种各样的乳制品，如喷雾干燥法制成的脱脂牛奶、全脂奶粉、脱去奶油的脱脂奶粉、炼乳、加糖炼乳等。本书配方设定为使用日常饮用的牛奶，读者如果有兴趣也可以尝试使用其他乳制品。

我家的冰箱里有很多豆浆，所以有时也会用豆浆来准备，但面包的制作性能几乎没有变化。

水

1 自来水就够了 *

适合制作面包的水是硬度约为 120mg/L 的偏硬的水（按世界卫生组织标准，硬度 0~120mg/L 为软水，120mg/L 以上为硬水），日本接近 90% 自来水的硬度在 60mg/L 左右。到目前为止，我们都是用日本的各地的自来水来制作面包，没有发现过会影响面包制作的自来水。所以请放心使用自来水。

但是，使用地下水的地区不在此内。我以前在轻井泽（编者注：日本的一处避暑胜地）有过制作面包的机会，从好的意义来看，这样做可以让面团更紧实。使用自来水的普通配方在那里是做不出好面包的，在轻井泽需要专为轻井泽设计的配方。

也有人使用矿泉水，特别是硬度高的法国康婷矿泉水等，但本书并不是为了介绍特殊的制作方法和特殊的面包，所以用自来水就足够了。

编者注：* 日本的自来水可以直接饮用。

2 加水越多，面包越美味

刚开始制作的时候，稍微硬一点的面团比较容易处理。常说揉好的面团硬度像耳垂，不如想象揉好面团的硬度像更软的婴儿屁股，如此一边决定加水的量。而等制作熟练之后再尽量多给面团加水，面包会因此变得更美味，变硬（老化）的速度也会延缓。

3 面团温度的调整

水在制作面包的材料中有着不可替代的作用。勉强的话，米粉也能用来做面包，没有盐和砂糖，用其他替代品也能做面包。但是，没有任何东西可以代替水。即使有面包酵母，如果没有水，也毫无用处。此外，还可以通过调整水温来控制面团的温度。制作可颂等低温揉好的面包面团时，请在前一天用塑料瓶装上水，放入冰箱冷藏。夏天的时候，塑料瓶里的冷水也可以用来制作其他的面团。

4 水的 pH

对科学有所了解的人可能会关心水的 pH。pH 值是指溶解在水中的氢离子的浓度，用数字 1 到 14 表示。7 为中性，数字越大碱性越强，数字越小酸性越强。

弱酸性水是最适合面团的，有利于面包酵母的活性，和形成面筋的紧致度。但因为有面粉的缓冲作用，用大家平时喝的自来水（根据日本厚生劳动省自来水水质标准，日本自来水 pH 为 5.8~8.6），对面包的制作性能几乎没有影响。

水的硬度

硬度是"用一定的指数表示的水中钙和镁的溶解量"，系换算成1L水中钙的含量来表示。日本的自来水平均硬度为60mg/L，被称为软水，但用来做面包没有问题。

STEP 3

制作面包的工序

在烤出美味的面包之前，必须经过很多工序，
要把面粉和水合成的块变成那么松软的面包，
这是没办法的事。每一道工序都有其重要的意
义，请一定带着对其意义的理解进行之。
只要有一次做面包的经验，就会深深体会到面
包店的可贵之处。完成了这么麻烦的工序，还
能以那么便宜的价格卖面包的面包店，老天应
该能看得到。

制作面包的工具

制作面包，充分准备非常重要。之前已经介绍过面包的材料，对于操作工具，也要事先准备好。

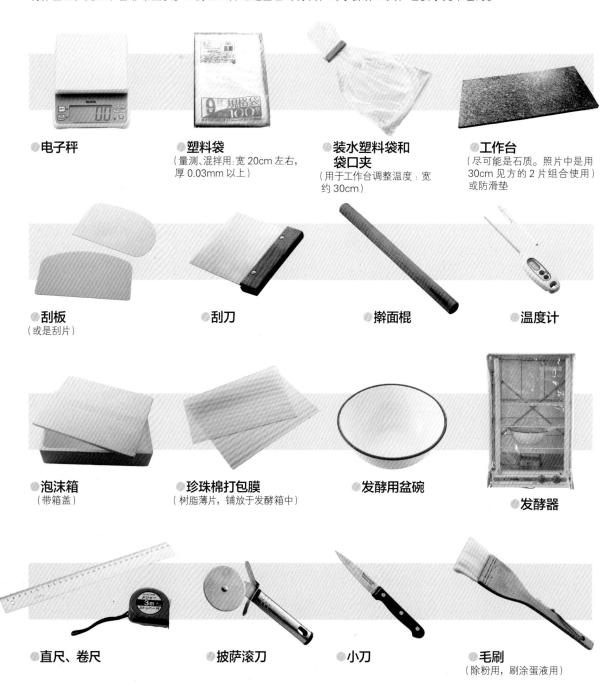

● 电子秤

● 塑料袋
（量测、混拌用：宽20cm左右，厚0.03mm以上）

● 装水塑料袋和袋口夹
（用于工作台调整温度：宽约30cm）

● 工作台
（尽可能是石质。照片中是用30cm见方的2片组合使用）或防滑垫

● 刮板
（或是刮片）

● 刮刀

● 擀面棍

● 温度计

● 泡沫箱
（带箱盖）

● 珍珠棉打包膜
（树脂薄片，铺放于发酵箱中）

● 发酵用盆碗

● 发酵器

● 直尺、卷尺

● 披萨滚刀

● 小刀

● 毛刷
（除粉用，刷涂蛋液用）

◉吐司模

◉磅蛋糕等的模具

◉菊型模
（僧侣布里欧用）

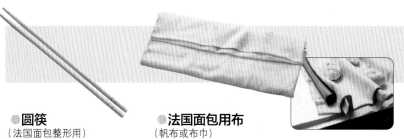
◉圆筷
（法国面包整形用）

◉法国面包用布
（帆布或布巾）

◉法国面包取板

◉法国面包移动板
（厚纸板、木板或 PVC 板）

◉波浪刀
（切割乡村面包用）

◉割纹刀
（双面刀和竹筷组成）

◉内馅刮勺
（一般多为不锈钢制）

◉橡皮刮刀

◉水雾喷瓶

◉烤盘纸
◉保鲜膜
◉厨房纸

◉手粉（撒入碗中）
◉黄油（或脱模油）

烘烤法国面包时
反面使用

◉烤盘（烤箱用）、蒸汽用烤盘（迷你烤箱的烤盘）

◉隔热手套

也并非所有工具备齐了才能制
作面包，但若在工序过程中才
匆忙准备用具，是绝对烤不出
美味面包的。

81

制备面团（揉和）

1 选料与预处理

开始制作面团之前，先考虑好不同材料的配比。即使是同一种材料，选哪个厂家的、什么等级的，这其中也包含做出美味面包的重要技术和知识。

另外，请考虑到对各种材料的预处理。需要进行专门预处理的材料我都会进行说明。但基本上，加到面粉里的东西，要接近面粉吸水率达 60% 时的硬度（做面团的时候，面团的硬度会用婴儿屁股或耳垂来比喻表达，达到这种硬度的时候，低筋面粉是 60% 左右的吸水率，高筋面粉是 70% 左右的吸水率，举例来说，用 100g 低筋面粉做的合适硬度的面团所含水量是 60g，用高筋面粉做则含水量是 70g），这样的考虑是必要的。

吸水率极低的材料，比如土豆片，要事先用水还原后再加入。在面团中加入葡萄干（水分 14.5%）等，也要在其水分与一般面团的水分即 40% 接近的状态下加入（在第 4 章的葡萄干面包中说明了葡萄干的预处理）。

2 关于计量

请按照配方表称量材料。越是重量小的东西越要仔细正确地称量，这是关键。重量大的面粉和水即使称量有点出入，也不会对面包的制作有太大影响；但是重量小的盐和干酵母随便称的话，不仅会影响面团的发酵，还会影响面包的味道和形状。

说得更具体一点，用百分率写的烘焙比到小数点后第 1 位为止都是有效数字。用这个数字来计算实际重量的话，有时结果会出现到小数点后第 2 位，此时请用四舍五入法保留到小数点后第 1 位。另外，重量大的东西也可以四舍五入简略取值。

3 混合粉状材料

终于要做面团了。首先要注意的是让材料得到均匀混合。为此，粉末状的材料在加水之前要先混合。如果用碗盆，就用五根手指抓拌，如果用塑料袋，就在袋子里混摇至均匀。

● 在碗盆内

● 在塑料袋内

4 加水

如果知道面团的加水量，尽量一次全加入，并把空气一起放入塑料袋，让材料像拍打塑料袋内壁一样地剧烈摇晃。等合成一定块状后，从塑料袋上方用揉的方式让材料进一步结合。当材料结合成团后，就容易从塑料袋中取出了。

5　让面团进一步连结

在塑料袋中揉成块状后，将面团从塑料袋中取出，在操作台上揉和 50 回合左右。此时已经让面团内部有较弱的连结，在这里休息 20（~60）分钟。这种让面团静置休息的过程被称为自行水解（autolyse，自我消化、自我分解）。

揉和的目的是让面筋连结起来，让面团可以成薄膜状，但是，拼命努力揉和并不是让面团连结的唯一方法。适当地让面团休息也是很好的揉和，也可以让面团进一步连结，这就是"自行水解"的效果（参见 P.84 照片）。

此时最重要的是，尽可能地营造容易产生面筋的环境，也就是说：让连接面筋所必需的面粉、水、麦芽酶等要素齐备；另一方面，阻碍面筋结合的油脂，会紧实面筋、促进收敛的盐（盐会使面筋组织强化，让面筋结得更牢固，面团的炉内伸展也更好，但是盐的存在会减缓面筋连接的速度。因此，本书采用的是"后盐法"，即先让面筋紧密地连接在一起，再添加盐）还是不要添加。

6　添加即溶干酵母的时机

按理来说，面包酵母应该在面团自行水解后加入，但本书中采用的是在自行水解前加入酵母、在面团中不均匀分散的方法。

因为这里使用的即溶干酵母为了保存性好，水分仅为 5% ~ 8.7%（不同厂家有差异，本书使用的是法国燕子牌水分为 5% 的产品），比鲜酵母 68.1% 的水分要少很多。为了恢复活性，必须让干酵母获得相当多的水分，这个过程需要 15~20 分钟。因此，本书特意在面团自行水解前加入干酵母，自行水解后再揉和面团使酵母均匀扩散到全体。

面团连结的状态

摘自：Maeda, T., cereal chem. 90(3), 175–180. 2013(※ 标示除外）

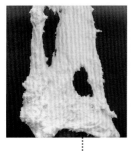

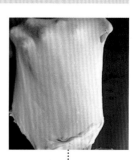

※

● 荧光显微镜照片

红：面筋
黑：空间
白色或水蓝色：淀粉粒子

因搅拌而逐渐改变的面团状态（从左至右）。对照本书第 8 页（POINT 3）所说明面筋形成状态的数字，由左开始各为 10、40、80、100。下方则是以荧光显微镜所观察到的各自的状态。

7 自行水解 20~60 分钟的效果

自行水解的时间基本上要 20 分钟，不超过 60 分钟为宜。并不是时间越长效果就一定越好。自行水解结束后，就可以打起精神再来揉和面团。根据面团的配比和面包款的不同，如果想让面筋充分形成，面团需要揉 100~200 回，从而让面筋结合达到八成左右。

另外提醒一下，在自行水解前加入即溶干酵母的面团，请严格遵守这 20 分钟的休息时间。

● 自行水解前

● 自行水解后

8 从揉和面团 3 要素（基本动作）中选择自己的做法

揉和面团的三要素（基本动作）是"摔打、延展、折叠"。以往手工制作的方法是，将面团在碗盆中拌合到一定程度后从碗中取出，"摔打"在桌面上。这时，"摔"下的面团不能从手上拿开。因此，与其说是"摔打"，不如说是"用手抓住、甩出去"更为准确。这个动作给了面团强力的冲击，同时"拉长"面团。把变长（变宽）的面团再叠成团，我们称之为"折叠"。

虽然揉面的基本动作只有这 3 个，但这 3 个动作并不一定要均匀存在于揉和这个工序中。即使只用其中的 1 个动作，也能成为很好的揉和。我们常说发酵会使面团"相连"，发酵过程实际上也是在"延展面团"。本书考虑到不给邻居带来噪声，以及保存自己的体力，以"延展、折叠"为主进行揉面；但夫妻吵架后，或对上司生气时，请务必转换为以"摔打"为主的揉和。面团一定也会记录下当时的心情，烘烤后成为充满活力的面包。

● "摔打" 和 "折叠"

● "延展" 和 "折叠"

9 然后才添加盐和油脂

在面筋达到八成的时候加入盐和黄油，继续揉和。（如果八成的面筋连结形成，面包就能在炉内很好地膨胀伸长。也就是说，放入盐和油脂的时间差不多是面团做好的时候。）

本书的揉面方法

①日本"玻璃纸袋微笑面包"协会（一般社团法人ポリパンスマイル協会）正在推广世界上最简单的面包制作方法，即通过塑料袋混合面粉和水的方法。这个方法不会弄脏厨房，而且可以简单、均匀、快速地向面粉加入水分。

②用盐和油脂以外的原材料混合成面团，然后进行20分钟的自行水解（autolyse，自我消化、自我分解）。面粉加水后静置，蛋白质自然就会连结成面筋。揉和并不是连结面团的唯一手段。

③然后用手揉和（混合）面团。揉和的三要素是"摔打、延展、折叠"。以"摔打"动作为主的揉和会发出巨大的声响，在公寓等场合可能被邻居投诉。因此，本书减少摔打，而以揉的动作（延展、折叠）为主来进行。

一边注意面团的温度，一边努力让面筋可以变薄、均匀地延展。虽然能通过面筋检查来确认揉面结束的时间，但在初学阶段，你未必能让面团拉伸到极限如同薄膜，但是不要气馁，只要掌握了要领，这其实是非常简单的工作，所以请莫放弃，耐心地挑战。

前面提到过，黄油在揉和工序的后半段加入，是因为黄油会阻碍面筋结合。盐也会收紧面筋，使面筋难以连结，所以书中采用后盐法，能更轻松地生成面筋。

10 练习面筋检查

学习面筋检查技术，要轻松地、慢慢地，总之不要着急。左右的指尖互相交错，一点点地，让面团像放松一样慢慢地拉开。练习必然是需要的，可以参考网络上专业动作的视频、图片，来掌握诀窍。

另外，在展开的面团中，辨别面筋程度的能力也很重要。下方图片介绍了根据揉和次数的不同，餐包面团面筋组织的连结情况。手工的话，再怎么努力也比不上机械的搅拌机，所以不会有揉和过度的问题。加油，好好揉和吧！

11 不让面团变干，随时注意！

揉和好的面团滚圆后进行发酵，最重要的是不要变干。面包制作过程包括自行水解、一次发酵、中间发酵、最后发酵等几次长时间放置面团的工序。除了不停地在碗上覆盖保鲜膜之外，还可以在碗内多涂一点黄油，然后将揉好的面团表面压在碗里，再翻转，让面团表面形成一层黄油薄膜，防止变干（参照 P.86 照片）。无论哪种做法，都请细心地完成。

COFFEE TIME

所谓面筋

虽然可能很多人会误解，但其实面粉中是没有面筋的。面粉中有的是称为醇溶蛋白（gliadin）和麦谷蛋白（glutenin）的蛋白质。面筋是在醇溶蛋白（gliadin）和麦谷蛋白（glutenin）中加水，轻轻揉和后才形成的蛋白质组织。面筋最初是缓慢结合成的块状，随着搅拌而加强连结，最后变成能被延展的薄膜。这个薄膜可以包覆酵母产生的二氧化碳，如气球般膨胀，形成面包内的气泡。

● 面筋分子

面筋分子
醇溶蛋白分子
麦谷蛋白分子

资料：Bietz 等（1973 年）

自行水解前

自行水解后

自行水解后揉和 50 次

再揉和 100 次（自行水解后揉和 150 次）

再揉和 150 次（自行水解后揉和 300 次）

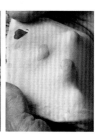
添加盐、黄油之后，再揉和 150 次（面团完成）

● 碗上包覆保鲜膜

在自行水解或发酵时，务必覆盖保鲜膜。

● 发酵器

可以保持一定温度和湿度的家庭用发酵器。温度设定在27℃，就足以应对自行水解、发酵、中间发酵至最后发酵的各个阶段。如果湿度稳定，面团没有覆盖也可以放入。

● 泡沫箱

最好带有盖子。如果在底部架高、放上网架，注入热水，还可以调整湿度和温度（可维持1小时左右）。如果没有这样的箱子，发酵碗用保鲜膜包好后，可以选择温暖室内、浴室、暖炕等合适处放置。

使用黄油避免面团变干的方法

● 在碗盆中涂抹黄油

● 按压面团

● 翻转面团

● 使沾裹黄油的面朝上

12 面筋和形状记忆合金相似

面团在发酵阶段的体积和形状，在面团放入烤箱后会重现。也就是说，面筋与形状记忆合金的性质相似。曾经大幅延展的面筋，在烤箱中也能再被延展，就像吹大过一次的气球，即使小孩子也能轻易地吹起来一样。

由此可以得出结论：用于面团发酵的碗，最好与烤好的面包的形状和大小相近。

大面包店的面包采用的是4小时中种法这种用中种面团发酵4小时的制法，发酵使用的盒子（碗盆）

是比吐司模型大好几倍的样子。想烤出高腰面包的时候，可以选择底面窄、侧面高的发酵盒，如果想烤扁平的面包，就使用扁平的发酵盒，这样面筋就会记住那个形状，在烤箱中面团也会朝那样的方向延展。

13 面包种类不同，揉和面团的方法不同

面包有通过充分揉和面团使面筋相结、烘烤后体积膨大的；但也有像中式包子、乡村面包、可颂这样，不需要很多揉和，而味道浓郁，口感也不错。

请根据自己想做的面包种类，想要的味道、口感来决定揉和面团的程度。但是，刚开始做面包的时候就没必要考虑那么多了。总之，请好好揉和面团。

14 决定加水量

前面已经说过，面粉中加入的水越多，烤出来的面包越美味。但是，水分过多时，面团就会变得黏糊糊的，很难处理。因此，在熟练之前，还是建议做稍微硬一点的面团。但是请不要忘记，面团越软则面包越软，也越好吃，而且也能较慢老化。

15 调整水的温度

有一个计算面团用水温度的公式可以用，不过，刚开始做面包的人没必要这么在意。但若可能，请记录下当时的室温和用水温度，以及揉好的面团的温度，这些会成为下次做面包时的重要资料。

如果硬要说个原则的话，就是想把面团温度提高1℃时，水温就提高3℃，想降低1℃时，水温就降低3℃。但是，在家庭制作这样面团量少的情况下，面团受室温影响较大，不一定适用这个原则。

16 揉和过程中的温度管理

制作面团时温度很重要。话虽如此，但在寒冷的冬天和炎热的夏天，气温不定的厨房里，面团温度经常会偏离目标值。这时，在大一点的塑料袋里放入1L热水（夏天用冰水），挤出空气，并扎紧袋口避免水溢出，就可以一边加热（冷却）工作台，一边进行揉面工作。与用空调调整环境温度相比，这样可以更简单地让面团温度接近期望值。请试一下！

17 发酵时间也是面团揉和的一部分

家庭面包烘焙的先驱者宫川敏子老师曾鼓励大家将揉好的面团放入塑料袋，在冰箱里冷藏熟成至第二天早上，然后分割、整形、最后发酵、烘烤，就能满足早餐的需要了。虽然现在，面团冷藏发酵已经很普遍了，但令人惊讶的是50年前就已经开始实践了。像这样在低温下长时间熟成的面团，分割整形后，面团的连接性很好，烤出来的面包个儿大、味道很好。

发酵（一次发酵）

1 面包的定义

"在小麦粉等谷粉中加入面包酵母、盐、水，揉和、发酵、烘烤而成"，这就是面包的定义。也就是说，没有经过发酵的快速面包等，不能正式称为面包。通过发酵，酵母和乳酸菌发挥作用，面团中充满了我们喜欢的有机酸、氨基酸、酒精等，烤出来的面包才好吃。

2 面包的美味来自发酵

世界上有很多发酵食品，味噌、酱油、酒、味淋、酸奶、乳酸饮，还有面包，这些美味都是在酵母菌和乳酸菌的作用下产生的。如果更奢侈些，在面包中加入这些发酵食品，还能做出更美味的面包。

3 酵母的产气能力，和面团的保气能力

酵母会分解面团中的糖，产生二氧化碳。但即使产生了二氧化碳，我们也要有一种能将其包住的膜来防止流失，那就是面筋。让面包体积变大的，是酵母分解糖产生的二氧化碳，以及面团中能平滑延展的、强而薄的面筋的气体保持力。

4 什么是按压排气

按压排气，也称为排出气体，是指在用直接法制作的面团揉和好后，在第一次发酵的过程中间，排出面团中的气体，再将面团折叠、滚圆，继续发酵的操作。其目的是：将酵母发酵后充满于面团中的碳酸气体排出，让酵母获得新的氧气；使面团温度均匀；让面筋

结合、产生加工硬化，提高面团的弹性（增强侧腰力量）。

最理想的方法是，面团放在涂满油脂的碗中发酵到一定时间，把碗举到 20~30cm 的高度，翻过来，让面团受自身重力落下，就可以让整个面团受到同等的冲击，去除多余的气体。面团中的气泡大小不一，越大的气泡内压越小，抗冲击能力越弱，所以越大的气泡越容易被压扁、分割，从而让气泡数增加；内压大的小气泡会继续存在。这样，面团内的气泡就会变得更均匀。

按压排气的时机原则上是在第一次发酵时间到 2/3 的时候。如果比此时间更早进行，排气效果会变小；更晚进行，排气效果会变大，面团的弹性也会增强。因此，如果一时忘记，比理想时间晚进行排气的时候，力道就必须比正常的小。

另外，要判断排气的时机，有一种方法叫做"指洞测试"（参见 P.89）。

5 进行发酵的场所

把放在碗里的面团覆盖保鲜膜，放在温水浴缸里漂浮的泡沫箱内，或放在暖炕上，或房间里最暖和的部位，希望大家知道的是，越是温暖的空气越轻，也就是说，同一个房间里，天花板附近比较暖和，地板附近比较凉。

如果发酵空间的温度高于理想的 27℃，发酵就会加快，那么发酵时间必须缩短；反之，温度越低，发酵时间越长。在盛夏室温较高的情况下，可以减少酵母的用量；相反，在隆冬室温较低的情况下，可以增加酵母的用量。这个在进阶的时候再学习吧。

前面已经多次强调，要避免面团表面变干。如果面团表面干了，面团就无法延展，也不容易吸收外界的热量，所以在烤箱里也不容易烤熟。

● 指洞测试

在面团表面轻轻撒上手粉。

用沾了粉类的中指从面团正中央深深地插入。

手指拔出后，孔洞如果还在，就是按压排气的时机。如果面团恢复、孔洞消失，则还要等一会儿。

分割·滚圆

1 不要损伤面团

经过发酵的面团中面筋膜很容易受损，因为面筋膜很薄，包裹着二氧化碳。面团分割后切面位置会变得黏稠，呈现出容易受损的样子。最理想的是，将面团一次分割出需要的重量，但这并不简单。请尽量用少的次数来调整分割重量。

2 测量吐司模的容积，决定面团的重量

测量吐司模具容积的方法有很多种，这里采用最简单的方法，也就是在模具里装满水，然后称量水的重量。水的重量千克数就是模具的容积升数。

吐司模不一定不漏水，不如反过来说，几乎所有的吐司模都会漏水。因此，注水前要在模具内侧铺上保鲜膜，以防漏水。把浅盘放在数字秤上（以防漏水），放上铺好保鲜膜的吐司模，将秤显示归零（除去容器重量），轻轻注入水，直到水因表面张力而微微隆起

为注满，记录此时的重量值。

如果你有多种不同的模具，可以测量好所有模具的容积备用。

放入吐司模的面团重量与模具容积的比值，被称为"模型比容积"，市面上卖的吐司（方形）的这一值平均是 4.0 左右，但家庭面包很难做到这么轻的程度，所以本书设定为 3.8。

普通的日本"1 斤模型"的容积是 1700ml，带盖子烤方形吐司时，除以 3.8 得到 447.4，那么适合放入的面团就是 450 克，也就是 2 个 225 克的面团。另外，烤山形吐司（英国面包）的时候，要装入更多的重量。

3 滚圆的强度各不同

所谓滚圆，是指面团分割后，为了不让发酵时产生的气体流失，或者为了便于下一道的成形工序，而把面团揉圆。

虽简单以"滚圆"称呼，但其强度和成形也各不相同。但对分割后的面团都要尽量轻松、简单地进行滚圆，也就是说，不要过度接触。

此后静置面团，吐司在 20 分钟以内，点心面包在 15 分钟以内，面团内的芯核会消失。请在滚圆的方法上下功夫，以便进入一个动作。

4 想象成型的形状

法式面包进行分割和滚圆时，要事先预测好接下来的整形工序要做的形状。也就是说，在制作圆包和黄油卷的时候，滚成圆形就可以了；但是在制作法棍面包的时候，此阶段就要滚成长方形。

另一方面，吐司面团的滚圆，比起做成圆形，做成枕头形会让面包更漂亮。为什么呢？请思考一下，然后写下答案。

在中间发酵后，用擀面棍排出气体，会把面团擀压宽。如果面团是枕头形，就会被擀压成椭圆形，然后将面团沿长轴方向卷起，面团卷的次数就会变多，结果，面包的内里就变得细致、漂亮。

滚圆很难还是简单？

不容易揉圆的不仅仅是你一个人，没有人一开始就能很好地滚成球形。但是请放心，实际上，在面包店里没有人不会滚圆，也就是说谁都能学会。请安心地慢慢做。

中间发酵

1 大概 15 到 30 分钟

"中间发酵"的本质是进行结构松弛，就是让因滚圆而发生"加工硬化"、变硬的面团休息的一段时间（工序），之后将此面团进行整形（加工硬化）时就会变得容易。时间一般是 15~30 分钟。

虽然不同的面包各有不同，但意外的是，这个时间对面包的最终品质都会有很大的影响。也就是说，后半阶段的发酵对面包的外观和烤色有明显的影响。

2 面团不能夹有芯核

试着摸摸经过中间发酵的面团，如果感觉里面有芯核的话，还不能进入下个工序。分割后用力地滚圆、滚得很漂亮的面团即使静置了很长时间也可能残留芯核，在这时候勉强整形的话，会引起表皮断裂（面团表面裂开，黏糊）等问题。也就是说，分割后的滚圆操作最好不要团卷得太紧。

但是，也有另当别论的情形：即使分割、滚圆后面团仍然是软塌塌的，没有腰。这种时候，可以把面团用力滚圆卷起，或者再滚圆一次，并再进行中间发酵，这样就能烤出有高度的面包了。

3 这里也要防止面团变干

任何时候，面团最大的敌人都是表面太干。发酵期间总是有这样的危险。不要嫌麻烦，在装有面团的容器上加盖，或用保鲜膜覆盖，或者将面团放进塑料袋里，这些方法都可以。

整　形

1 尽可能简单地整形

无论是谁，都想把面包烤出好看、复杂的漂亮形状，这是人之常情。但是，要做成复杂的形状就要对面团做相应的修整，这些操作会让好不容易储存在面团中的酒精、有机酸、芳香物质等暴露、扩散到面团以外。最好吃的是将之前储存的所有发酵物质全部留在面团中送去烤制、简单成型的面包。

2 不使用手粉会比较好吗？

有人说尽量不使用手粉是制作美味面包的一个重点，但这是真的吗？我经常会看到避免使用手粉后制成的偏硬的面团，所以这其实是本末倒置的做法。手粉是必不可少的东西。请注意用适量的手粉，让面团保持柔软的质地。

COFFEE TIME

手粉的使用也因国而异

手粉会弄脏厨房。只要做面包，都会有面粉粒飞扬。西班牙的面包店没有使用手粉，全部用橄榄油来代替。你觉得怎样？如果你想保持厨房的干净，为什么不使用少量的橄榄油呢？

最后发酵

1 不要太拘泥于数字

　　教做面包的书上写着的发酵箱的温度、湿度有32℃、80%，也有27℃、75%等。本质上，最后发酵是为了让整形后变硬的面团松弛，并在面团内充分积蓄气体，促进面团的炉内伸展，这是烘烤柔软、成熟的面包前的最后工序。

　　既然如此，就没必要严格遵守教材上的数字。以教材指示的温度和湿度为上限，最低温度则不低于面包酵母工作条件的下限15℃即可。总而言之，最后发酵后，面团的体积只要能达到预期面包体积的八成就可以了。

2 黄油多的面团，发酵温度必须在黄油溶解温度以下

　　像布里欧、可颂、丹麦面包等混合黄油较多的面团，原则上要在比黄油溶解温度32℃低5℃的温度下进行发酵。

　　也就是说，油脂添加量多的面团，以所用油脂的溶解温度降5℃为最后发酵温度（发酵箱温度），请注意。

3 最后发酵的时间

　　像吐司这样放入模具烤的面包，在最后发酵的温度、湿度条件相同的情况下，发酵时间的长短和炉内伸展的大小呈相反关系。也就是说，对最后发酵预定时间内膨胀不足的面团，即使延长了发酵时间，面团进烤箱后伸长也不大，所以，这种面团要在最后发酵阶段把体积充分增大，再送进烤箱；相反地，如果面团比最后发酵预定的时间短就迅速地膨胀起来，则进入烤箱后，它也会以同样的势头长大，所以这种面团

如果不尽早放入烤箱，就会变成膨胀过度的面包。

　　但是，按理来说，最后发酵进行得越慢，面包风味越好，不放入模具的面团体积也会变得更大，使烤出的面包比较轻盈。只要注意不让面团表面变干，即使在温度较低（最低15℃）的环境中，多花点时间，也能完成最后发酵。也就是说，没能一次放进烤箱的第二块烤盘，也可以放在较低的温度环境中慢慢等待。

　　举例来说，最后发酵的环境经常是这样的：在一个有盖的大号泡沫箱中放入热水，把烤盘放入并悬空（做个台子支撑），让面团发酵到2~2.5倍大；如果在凉爽的室温下，则不触碰面团地用保鲜膜覆盖后静置面团，只要温度在15℃以上，面团也能到可进入烤箱的状态。但是，如果环境温度低于15℃，可能需要6个小时到半天才行，所以请调整时间。

　　前面已经多次说过，但还是要说，绝对不能让面团变干。表面干燥的话，面团的体积就不会变大，烘烤时也不会上色，面包会发白。

烘烤

1 原则是高温、短时间烘烤

在许可范围内，请尽量高温、短时间地完成烘烤，这样烤出的面包表皮薄、有光泽，内里软糯，让人喜欢。

专业人士只需要6分钟就能烤出点心面包，但家用烤箱很难做到。

2 进入烤箱时的温度要设得高一些

对家用烤箱，打开门放入面团，烤箱内的温度会迅速下降。所以在开始的时候，请将温度设定为比预定烘烤温度高10~20℃（要用自己的烤箱具体确认）；将面团放入烤箱中，关上门后再切换到预定烘烤温度。

3 面包的光泽是来自涂刷蛋液还是蒸汽？

烘焙前，会给点心面包、餐包、布里欧等糖含量高的小面包涂刷鸡蛋。无加糖的法国面包、德国面包，或者是糖分比例较少的软法面包等，在进入烤箱时会加蒸汽。我会为盖上盖子的吐司面团加蒸汽，因为蒸汽可以进入吐司模具的空隙。总之，烘烤的时候不是涂刷蛋液就是加入蒸汽，请选择其一进行，面包会变得更加好看。

略微讲点道理：家用烤箱在密封、蓄热性能上无论如何都不如专业烤箱，同时，蒸汽又是很好的蓄热材料，所以，请务必试着利用蒸汽。

加蒸汽的方法在前面已经介绍过，在烤箱底部预先放入蒸汽用烤盘，在放入面团之前或之后注入50~200ml的水，让蒸汽迅速产生。将蒸汽用烤盘的前缘稍微抬高，或者在烤盘上预先放入小石子、派石

（重石）等，注水过程中水的蒸发面积会更大，蒸汽效果更加明显。

4 蒸汽的种类和产生方法

本书中，很多面包在烘烤时都加了蒸汽，蒸汽的产生方式和种类分为两种。

一种是较低温蒸汽，需要长时间、大量地产生，这种情况需要在烤箱底部的烤盘内倒入约200ml的大量水。另一种是高温蒸汽，只在短时间、必要时产生，需要在烤箱底部的烤盘内倒入约50毫升的少量水。

这两种蒸汽的使用目的不同。低温蒸汽的目的是防止干燥烘烤，这里指的是餐包、点心面包、吐司等的烘烤。

另一种情况中，高温蒸汽会在进入烤箱的面团的较冷表面凝结，让表层面团迅速糊化（α化），形成有光泽的面包皮。法国面包、乡村面包等都属于这种类型。

5 消除烘烤不均

家用烤箱，不论是烧煤气还是用电的，其内部前后左右不同的地方受热情况都会不一样，容易烤出颜色不均的面包。所以虽然有点麻烦，仍请在烘烤中途确认烤色，必要时将烤盘前后左右互换。

但是，只有烘烤到一定程度才能做出判断；如果改变烤盘的方向，也需要一定时间来等待烤色修正。判断的直觉只能靠几次经验来积累了。

另外，法国面包等直接烘烤的面包，不仅要烤出颜色，还要敲击面包底部，确认发出表明内部干燥的清脆声响。表面已经烤出颜色，但内部还是发出潮湿的沉闷声响时，请用有一定重量、容易定型的材料（草浆纸、影印纸等）覆盖在面团表面，再烤一会儿。太轻的纸，有可能因为烤箱内的空气循环而被吹走。

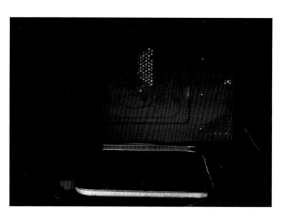

我家的烤箱左右各有一个热风出口，背面中央有一个进气口。你也要确认一下自己的烤箱。

8 烧减率是口感好坏的一种标志

烧减率表示面团在烤箱内烘烤后流失了多少水分，将入炉前的面团重量减去烤好的面包重量，然后再除以入炉前的面团重量，然后乘以100，得到的数字就是烧减率，也就是减少的水分的占比。

水分适当流失的话面包口感会变好，老化也会变慢。理想的烧减率法国面包为22%、方形吐司为10%、山形吐司为13%、德国面包为13%，不过家用烤箱可能很难做到。请品尝确认美味的口感。顺便说一下，蒸包的烧减率是0%。

6 尽量不要冲击烘烤中的面团

为了解决烘烤不均的问题，需要在烘烤的过程中将烤盘前后左右对调。但也有相反的说法：在烘烤吐司等大型面包时，烘烤时间长，其间如果让面团受到冲击，烤好的面包中间可能出现环状条纹（在烘烤中，面团中的淀粉从外围向内慢慢地糊化——淀粉类型从 β 变为 α。在烘烤中途移动面团的话，α 型淀粉和 β 型淀粉之间可能发生形变，形成圆形环状，也称水环）。如果以店售面包的品质为目标，为了避免出现这种情况，请缓慢、小心地移动烤盘。

9 冷却

刚出炉的面包看起来很美味，实际上也有确实好吃的。但并不是所有的面包都在此时最好吃。

一般来说，稍凉后是最好吃的时候。特别是像吐司这样切片的面包，最好在中心温度降到38℃之后再切片，这样切面看起来更漂亮，品尝起来也更美味。

但是，烤好的面包随着时间的流逝，水分和味道都会逸散，这是必然。所以，软质的面包请尽早包装起来。但面包如果还比较热，以致蒸汽会凝结在包装纸上，就不宜包装。

7 震击烤出的面包

当烤箱中的面包全部烤出诱人的色泽时，请将面包取出，连同烤盘一起举到工作台上方 10~20cm 处，松手丢下，让面包受到震击。这样，面包的气泡室会保留得更多，从而避免烤后收缩，面包口感也会比较好。

因为刚从烤箱里取出的面包，其气泡室是在成分为二氧化碳等的高温气体的作用下膨胀形成的。如果面包直接在室温下冷却，气体会收缩，因此由蛋白质和淀粉组成的腔室也会收缩。所以，在收缩之前给予震击，让气泡壁龟裂，内部高温气体和外部冷空气会瞬间交换，从而防止收缩。

STEP 4

5 种应用面包

本章是在第1章5种面包基础上的进阶。在第1章的实践中感到的疑问在第2、3章中得到解决或明白后，请一定进入第4章。

在这里，面粉的使用方法、揉面时材料的投入方法等，都是以手工制作为前提。即使力道不大，只要下了功夫，也能做出面筋很薄、表面光滑的面团。

能够到这一步，接下来只要花点心思，面包店内陈列的品项几乎都能烤出来。请加油。

玉米面包

CORN BUNS

这款面包的做法就像在第1章的餐包面团中加入玉米，然后烤成。制作重点是"让和入面团的玉米的水分与面团的水分（大约40%）尽量接近。"罐头玉米的水分比较多，所以要尽量把水分挥发掉后再使用，即便如此，加入玉米后面团也会变软，所以面团质地在最开始时要硬一些。

圆包

带馅玉米面包

工 序	
▇ 揉和	用手揉和（40回 ↓IDY 10回 AL20分钟 150回 ↓盐·黄油150回 ↓玉米100回）
▇ 面团温度	28~29℃
▇ 发酵时间（27℃、湿度75%）	60分钟 按压排气 30分钟
▇ 分割·滚圆	77g
▇ 中间发酵	20分钟
▇ 整形	圆形，包上喜欢的馅料
▇ 最后发酵（32℃、湿度80%）	50~60分钟
▇ 烘烤（210℃→200℃）	9~12分钟

IDY：即溶干酵母　AL：自行水解

配方（材料）

 Chef's comment

材料的选择方法

请从超市架上的面粉当中选取面包用粉（高筋面粉）和制面用粉（中筋面粉），不限品牌，国产或进口的都可以。配方中搭配20%中筋面粉，是为了减轻以手揉面的劳力负担。（详细→P.68）

本来想使用耐高糖的即溶干酵母（金标），但在尚未熟练前又增加使用的材料种类可能不太妥当，所以在此仍使用普通即溶干酵母（红标）。

请使用一般厨房中常用的盐。为与砂糖用量（较少）对应，再多一点也可以，但为了强调玉米的风味及香气，还是设定了这个用量。

这个同样用平时厨房中有的即可。用量有点少，因为甜玉米也有甜味，所以这个量已足够。

这个也是用平时常备的即可。在这里用量少，是因为我想尽量做出松脆的口感。

目的在于增加体积，以及烤出更好的颜色。

目的是改善风味和烤色。使用其他乳制品也可以，但必须调整水的用量。

加入后面包香味更像玉米面包，也就是说，能突出玉米的味道。

用一般的水即可。但在用量上稍少一些，因为在面团揉和的后半程加入的甜玉米会产生水分，所以在开始时要有所准备，以比餐包面团稍硬一些的面团来开始。

这里使用的是罐头玉米，表中列出的是"滤去汁液，并加热去除多余水分"后的重量。在平底锅中撒盐后拌炒到稍微有点焦的程度，会更好吃。不论如何，只把水沥干是不能使用的。（也可以使用新鲜玉米，煮熟的方法参见P.101）

第1列为7个77g面团的分量

材料	面粉250g时重量（g）	面粉500g时重量（g）	烘焙百分比（%）
高筋面粉（面包用粉）	200	400	80
中筋面粉（制面用粉）	50	100	20
即溶干酵母（低糖型）	7.5	15	3
盐	3.75	7.5	1.5
砂糖	25	50	10
黄油	12.5	25	5
鸡蛋	37.5	75	15
牛奶	37.5	75	15
玉米罐头的汤汁	37.5	75	15
水	42.5	85	17
甜玉米（炒过）	87.5	175	35
合计	541.3	1082.5	216.5

其他材料

⬜ 刷涂蛋液（鸡蛋：水 = 2：1，并加入少许食盐）适量
⬜ 内馅用玉米（将预处理过的玉米100加入美乃滋30混拌而成）适量

揉和

1 将两种面粉和砂糖放入塑料袋中,使袋子充满空气鼓起后振摇。用手指将袋子的底角塞进去,可让袋子变得立体,然后充分混合材料。

2 把打匀的鸡蛋液、牛奶、玉米罐头汤汁、水也加到袋子里(也可以先混合后一起倒入)。

3 再次让袋子充满空气鼓起,用力摇晃,使材料撞击袋子内壁。

4 当袋内材料成为一体后,放到工作台上隔着塑料袋用力搓揉。

5 取出面团放到工作台上,揉40回左右,加入即溶干酵母,再揉10回左右。

自行水解
详细讲解→ P.83
6 注意避免干燥! 保持室温!

自行水解20分钟。将面团滚圆,封口朝下放入薄刷了一层黄油的碗中,用保鲜膜包好以防变干。

7 摊开面团,再用"延展""折叠"的方法揉和150回,让酵母均匀分散开。

8 摊开面团,加入盐和黄油。"延展""折叠"150回,让面团结合。加入材料时,将面团切成小块,叠放在一起,混合效率比较高。

9 面筋呈现。

Chef's comment **关 于 揉 和**

● **揉和**

和餐包的差不多。只是，面粉的筋度较弱（蛋白质含量低），所以水的用量会变少。另外，开始的时候面团质地要做得硬一些。

将两种面粉、砂糖放入塑料袋中，充分摇晃。接着，将打匀的鸡蛋、牛奶、玉米罐头汁、水放入塑料袋中，同样在袋中充分摇晃。待粉粒消失后，从袋子上揉搓面团，使其进一步结合。至一定程度后，将面团从袋中取出，在工作台上继续揉和40回左右，此时加入即溶干酵母，再揉和10回左右。在这个时候，目的并不是开始发酵，而是让即溶干酵母分散（不必均匀），让水分回到即溶干酵母中。

将面团收圆，自行水解（20分钟）。

20分钟后，将面团从碗中取出，用力揉和。当面筋发育到一定程度，面团表面变得光滑时，将面团切成5到6个小块，将其中一块擀薄，再将另一块放在前面擀好的面团上擀压，重复这个操作，至所有小块面团重叠在一起；再将面团收合成团，重复前面的操作。也就是说，从一侧可以看出面团以5~6个分层为一组，一组一组重叠。这样做腻了的话，再回到碗里或工作台上揉和也可以。

更好的方法是，若感觉疲倦，在混合（揉和面团）间休息5分钟。面团在静置的过程中，面筋会自然地生长、结合。所以在制作面团的过程中加入几次休息时间就会变得轻松，也能制作出光滑、紧致的面团。

如果家里橱柜里有闲置的面包机，也可以请它帮忙搅拌（揉和）面团。

面团揉好后加入甜玉米。因为要混合在较硬的面团里，所以比较费力气。不要着急，耐心地对待吧。至面团没有黏腻感，甜玉米都被面团完美地包裹住，面团就做好了。

提高效率的技巧

将面团分切成小块，分别擀薄后再叠在一起，可以更高效地揉和。

工作台的温度调整

在一个大的塑料袋里放入1L热水（夏天用冷水），挤出空气，扎紧袋口避免漏水。将水袋放在工作台的空闲区域，不时地和工作区域交换。一边加热（冷却）工作台一边进行揉面，比调整室温更有效。我的工作台如图所示是石制的，具有较好的蓄热性。可以试一下!

面团温度

10

将面团切成小块并延展开，分层加入预处理好的甜玉米。

11

"延展""折叠"反复进行 100 回左右，揉成一团。

12

揉和到玉米不暴露，靠外面的玉米覆盖着一层薄膜的程度。确认面团温度，以 28~29℃为佳。

面团发酵（一次发酵）

注意避免干燥！保持室温！

13

整体放入薄刷了一层黄油的碗中。用保鲜膜盖上，放在接近 27℃的环境中，避免变干，发酵 60 分钟。

14

60 分钟后进行指洞测试，如果指洞不会消失，就轻轻拍打面团排气。

注意避免干燥！保持室温！

15

整合面团，放回步骤 13 的碗中。盖上保鲜膜，继续发酵 30 分钟。

分割 · 滚圆

中间发酵

注意避免干燥！保持室温！

16

按 77g 每个分割成 7 个。

17

轻轻滚圆。

18

留出 20 分钟的休息时间。

从 揉 和 完 成 至 中 间 发 酵

● 面团温度

请把揉好面团的目标温度定为 28~29℃，即稍微高一点。甜玉米的温度出乎意料地重要，冬天将其加热，夏天将其冷却，可以帮助调整最终面团的温度。

● 面团发酵（一次发酵）和按压排气

发酵环境以温度 27℃、湿度 75% 为目标。在浴室、暖炕或房间内其他接近目标温度的地方，将发酵碗覆盖保鲜膜，静置 60 分钟。

按压排气后，再次用保鲜膜覆盖，在同样的环境中再放置 30 分钟。

● 分割·滚圆

以 77g 为单位切割。因为含有固体的玉米,所以要分割得大一点（重一点），之后滚圆。

● 中间发酵

将面团放在进行一次发酵时的地方 20 分钟，避免变干。经过这个时间，硬硬的面团会变成柔软、容易整形的状态。

指洞测试

将沾粉的中指从面团中央深深地插入。如果手指拔出后，面团上还留有孔洞的话，这时就可以按压排气了。

会膨胀的只是面团（之一）

本配方的面团材料约 541g 中，有 88g，也就是 16%（用烘焙百分比计算，占面团总量比 =35/214.5=0.16）是玉米这种固体。显然，玉米不会膨胀，体积不会变。也就是说，整个面团中会膨胀的只是其余 84%的部分。因此，对分切成的 77g 面团，只能按 64.7g 会膨胀来考虑。对葡萄干面包在分切时也是同样的考虑。

使用当季的玉米

夏季是玉米上市的时候，请使用当季新鲜的玉米。一般，生玉米可以用盐水煮熟，但面包店内经常有保持高温的烤炉，所以可以把玉米保留外面的一两片皮，放进烤箱烤。如果家里有微波炉，可以将玉米带着一两片皮放入，每半边向上加热2.5分钟，共加热5分钟（须视具体情况调整）。

整形

19

将 4 个面团整成球形，其余 3 个用擀面棍擀成圆片。

20

将擀好的圆片面团放在秤上，放上 40g 的玉米内馅。

21

捏合面团边缘，包好。

最后发酵 · 烤前工序

注意避免干燥！保持室温！

22

在温暖、不干燥的环境中发酵 50~60 分钟。左图所示是在泡沫箱中放入少量热水，在网架上的树脂板上铺烤盘纸，再放上面团。（在此期间预热烤箱：在烤箱底部放入蒸汽用烤盘，温度设定为 210℃。）

23

送入烤箱前，在面团表面涂刷蛋液。对不带馅的圆包，在面团表面用刀片划入一刀；对带馅的面包，在面团表面用剪刀剪切出十字，向开口挤入适量美乃滋酱。在烤箱底部的蒸汽用烤盘上注入 200ml 水（要小心急遽产生的蒸汽）。

烘烤完成

24

接着马上放入装有面团的烤盘（如果烤箱有上下层，则放入下层）。关上门后将烤箱温度调降至 200℃。

25

烘烤时间为 9~12 分钟。担心烘烤不均时，中途可以调换烤盘的前后位置。

26

待全体都呈现出诱人的烤色时就完成了。取出后连同烤盘一起从工作台上方 10~20cm 的高度丢下。

★放入第二块烤盘时再次将烤箱温度设为 210℃，重复 23~26 的步骤。

Chef's comment　从 整 形 至 烘 烤 完 成

● 整形

　　整成圆形。需要注意的是，不要团得太紧，因为用力滚圆会让玉米露出来。请在这里学会用适当的力度。

　　如果想制作多样化的产品，请在这里包入馅料。玉米馅、土豆沙拉、豆腐渣，只要是冰箱里的拿手菜都可以拿来包，这样，就能烤出美味的配菜面包。

● 最后发酵 / 烤前工序

　　最后发酵的环境以温度 32℃、湿度 80% 为目标。只要面团表面不干，温度低一点也没关系。如果有一个大的带盖的泡沫箱，可以把面团放在一块板（或者烤盘）上，再放入箱内，并在箱底倒入热水（见左页照片），让面团发酵到原来的 2~2.5 倍。

　　或者，不碰到面团地用保鲜膜轻轻覆盖，放在室温下发酵也可以。

　　完成了最后发酵的面团，待表面稍微干燥，涂上蛋液。如果不涂蛋液的话，则要在进入烤箱时加蒸汽，请一定择一进行。另外，请在表面用小刀或剪刀划开，除了能使面包的外观有变化，也会使面包体积变大。包馅的面团在顶部用剪刀剪出十字、挤上美乃滋酱后，也会更加好吃。

● 烘烤

　　以 200℃、9~12 分钟烤完。这时候，烤过头或烤不足，都会功亏一篑，所以这时候就请不要离开烤箱了。因为面团较大不容易热透，所以要比烤餐包的时间稍长一些。如果发现烘烤不均，可以将烤盘前后左右进行对调。待全体呈现美味的烤色时，将其从烤箱中取出，连同烤盘从工作台上方 10~20cm 高度丢下以震击，这样可以避免面包的烤后收缩。

　　但是，包入馅料的面包如果受到太强烈的震击，馅料下方的部分面包体会被压扁，所以请适度。

应 用 篇

**留下面团，
待日后烘烤的方法**

想一次准备较多的面团时，可以用面粉500g的配方来制作。操作步骤1~15是一样的。

1. 总 面 团 约 1 0 8 0 g，去 掉 77g×7=539g后还有541g。将剩余面团放入塑料袋，均匀延压成1~2cm的厚度，放入冷藏室保存，这样也是在进行冷藏熟成。

2. 次日或第3天，把面团从冷藏室取出（面团温度约为5℃），放在温暖的地方1小时左右。（面温会上升到20℃左右，随室温不同。）

3. 确保面团温度在17℃以上，然后从步骤16开始继续做。如果想放置3天以上，请冷冻保存，但也请以一周为限烘烤完。烘烤前一天把面团从冷冻室移到冷藏室，然后从上述"2."开始操作。

葡萄干面包

RAISIN BREAD & ROLLS

圆包

黄油卷

热狗面包

枕形面包

这款面包的做法也一样，是在第 1 章的吐司的基础上做加法，加入葡萄干。与水分较多的玉米相反，葡萄干的水分比面团少很多，需要进行预处理，使其接近面团的水分后再使用。如果不注意这个预处理的话，在面团发酵的过程中，以及烘烤中，葡萄干会夺取周围的水分，让面包变得干巴巴的。

工 序	
▓ 揉和	用手揉和（40 回 ↓ IDY 10 回 AL20 分钟 150 回 ↓盐·黄油 150 回 ↓葡萄干 100 回）
▓ 面团温度	27~28℃
▓ 发酵时间（27℃、湿度 75%）	60 分钟 按压排气 30 分钟
▓ 分割·滚圆	枕形面包 220g（模型比容积 3.2，模型容积 700ml），热狗面包 80g，圆包、黄油卷 50g
▓ 中间发酵	25 分钟
▓ 整形	圆形、黄油卷、热狗形、海参形等
▓ 最后发酵（32℃、湿度 80%）	50~60 分钟
▓ 烘烤（210℃→200℃）	9 分钟（圆包、黄油卷、热狗面包），17 分钟（枕形面包）

IDY：即溶干酵母　AL：自行水解

配方（材料）

 Chef's comment 材料的选择方法

和前面的玉米面包一样，要在高筋面粉中加入中筋面粉。但为了支撑葡萄干的重量，面粉蛋白质的含量要比玉米面包的高一些，所以只加入一成。

使用和吐司面包一样的酵母即可。如果有鲜酵母也可以使用，但用量需要调整，详细请参考 P.71。

只要是盐，都可以用。

什么种类的砂糖都可以用。用量会比吐司面包的稍微多一点，这样烤出的面包比较柔软。

使用适量的油脂后，面包会变软，体积也会变大。考虑到健康，可以使用橄榄油，但面包的体积会稍微小一些。

可用家中常备的牛奶。有助于提升风味、提高发酵稳定性，是制作面包的好材料。不过，担心过敏的人，改用豆浆或水也能制作。

普通的水就可以。

将葡萄干放在 50℃的温水中浸泡 10 分钟，然后将水沥干，加入相当于葡萄干（处理前）重量10%的朗姆酒浸渍。浸渍用洋酒也可以是其他的，只要你喜欢的都可以。

第 1 列为 12 个 50g 面团的分量

材料	面粉 250g 时重量（g）	面粉 500g 时重量（g）	烘焙百分比（%）
高筋面粉（面包用粉）	225	450	90
中筋面粉（制面用粉）	25	50	10
即溶干酵母（低糖型）	5	10	2
盐	5	10	2
砂糖	25	50	10
黄油	20	40	8
牛奶	75	150	30
水	100	200	40
酒渍葡萄干	125	250	50
合计	605	1210	242

其他材料

▧ 刷涂蛋液（鸡蛋：水＝2：1，并加入少许食盐）
▧ 白芝麻
▧ 细砂糖 　　　　　　　　　　　　　　　各适量

揉 和

将两种面粉和砂糖放入塑料袋中，使袋子充满空气鼓起后振摇。将袋子的底角塞进去，袋子就会变得立体，容易混合材料。

加入牛奶和水。

再次让袋子充满空气鼓起，用力摇晃，使材料撞击袋子内壁。

当袋内材料成为一体后，放到工作台上隔着塑料袋用力搓揉。

取出面团放到工作台上，揉40回左右，加入即溶干酵母，再揉10回左右。

自行水解
详细讲解→P.83

注意避免干燥！保持室温！

自行水解20分钟：将面团滚圆，封口朝下放入薄刷了一层黄油的碗中，用保鲜膜包好以防变干。

在工作台上摊开面团，以"延展""折叠"为1回揉和150回，让酵母均匀分散。

摊开面团，加入盐和黄油。

"延展""折叠"重复150回，让面团进一步结合。可以把面团切成小块，擀开后再叠起来，这样做效率比较高。

Chef's comment **关 于 揉 和**

● 揉和

基本上和吐司的相同。面团充分揉和后,面筋结合得更紧密,可以被薄薄拉开,会让面包变得柔软,体积也变大。

用面筋检查确认揉和的程度,在面筋膜比吐司面团的稍厚时加入葡萄干。如果拉出的面筋膜太薄,虽然面团体积可以增大,但无法支撑葡萄干的重量,就会造成面包折腰(塌陷)。

在这里,拌入面团中的材料,也就是葡萄干和上一节的甜玉米一样,其温度很重要。刚从冰箱里拿出来,或者夏天在室温下受热的葡萄干,若直接使用,将难以管理面团温度。浸渍后的葡萄干,应该在夏天显得冰凉,冬天显得温热,这样才好管理面团的温度。

工作台的温度调整

在一个大的塑料袋里放入 1L 热水(夏天放入冷水),放在工作台的空闲区域,不时和工作区域调换。一边加热(冷却)工作台一边进行面团揉和,比调整室温更有效。

酒渍葡萄干的处理

为了做出美味的葡萄干面包,葡萄干的预处理很重要。葡萄干的水分是14.5%,而普通面团的水分大约是40%。如果单纯地将葡萄干直接揉进面团中,由于渗透压的关系,葡萄干会吸收面团中的水分,使面团变硬,烤好的面包也会变得干巴巴、容易老化。

这里介绍一下我店里的方法。将葡萄干放在50℃的温水中浸泡10分钟,葡萄干中的水分占比会上升10%,然后加入相当于葡萄干重量10%的朗姆酒(放置2周),这样葡萄干的水分占比又增加了10%,达到34.5%。如果葡萄干的水分提高到40%,揉面的时候葡萄干就会被压破。所以水分控制在前面的程度,面包的制作会更好。另外,可以在浸渍葡萄干的酒水上下功夫,开发自己的葡萄干面包,我的店里还有使用樱利口酒、烧酒等,如果用红茶、葡萄酒等浸渍,味道也会不错。

面筋检查

在面筋膜比吐司面团面筋膜稍厚的状态下加入葡萄干。

面团温度

10

把面团和预处理过的葡萄干分成几份，分别摊开面团，放上葡萄干，并叠放。

11

反复"延展""折叠"，以 100 回为目标。

12

至葡萄干不暴露在面团外，靠外面者被薄膜覆盖，就揉和好了，测量面团温度（27~28℃为宜）。

面团发酵（一次发酵）

注意避免干燥! 保持室温!

13

将面团整合，放入薄刷有黄油的碗中，在接近 27℃的环境中静置发酵 60 分钟。注意不要变干。

14

60 分钟后，膨胀到一定程度时，进行指洞测试，如果指洞不会消失，就把面团从碗里拿出来按压排气。

注意避免干燥! 保持室温!

15

轻轻整理面团，放回步骤 13 的碗里，覆盖保鲜膜，再发酵 30 分钟。

分割·滚圆

16

分割面团，枕形面包每份 220g，热狗面包每份 80g，圆包、黄油卷每份 50g。

17

轻轻滚圆。

中间发酵

注意避免干燥! 保持室温!

18

留出 25 分钟的休息时间。但要做成黄油卷的面团，在静置 10 分钟后要做成大葱头形状，再继续静置。

Chef's comment 从 揉 和 完 成 至 中 间 发 酵

● **面团温度**

揉好后面团目标温度为 27~28℃。夏天用冷水调整，冬天用温水调整，使面团温度接近目标。

另外，请注意暴露在室温下的时间（揉和时间）。不过，调整工作台的温度比调整室温更能影响面团温度，所以也建议用水袋一边加热（冷却）工作台，一边揉和面团。

● **面团发酵（一次发酵）和按压排气**

发酵环境以温度 27℃、湿度 75% 为目标。如果发酵室温度更高，发酵就会加快，就必须缩短发酵时间；反之，发酵时间要延长。

顺便说一下，如果面团的温度偏离了预期，每偏差 1℃，总发酵时间（第一次发酵 + 中间发酵 + 最后发酵）要调整 20 分钟。

发酵 60 分钟后，用指洞测试确认面团的发酵情况后，按压排气。轻轻滚圆后，再次用保鲜膜覆盖，在同样的环境中放置 30 分钟。

● **分割·滚圆**

葡萄干面包也使用吐司模具（长条面包模）。吐司模具的型比容积原来取为 3.8 的话，因为加入了既不发酵也不膨胀的葡萄干，所以型比容积应当变小，也就是说，分割后的每份面团的重量要增加。请注意根据添加葡萄干的量而变化。

将分割好的面团揉成团，这一开始谁都做不好，这里请稍微用力揉成团。葡萄干面团因为带有浸渍用洋酒，或者浸渍液里溶出了葡萄干的糖分，会让面团变得松弛。请用点力滚圆，给予面团张力。

● **中间发酵**

以 25 分钟为目标。如果不到 25 分钟，面团中的芯核就已经消失，那么可以开始整形。如果这次面包烤好后感觉熟成度不够的话，下次在中间发酵的中途再滚圆一次也是一个方法，两次滚圆可以让中间发酵时间加倍（请加一倍），面团的发酵时间延长，可以做出更筋道的面包。

Bread making tips
〈面包制作的诀窍〉

指洞测试
用沾了粉的中指深深插入面团中央后拔出，如果指洞保留，就是按压排气的时机。

会膨胀的只是面团（之二）

这次使用的长条模型容积为 700ml，按 3.2 的型比容积，相除后得到 218.8，方便计算就取为 220g，这就是装进模具的面团量。

用烘焙百分比计算，50（葡萄干添加量）÷242（总面团量）×100= 20.7，也就是说葡萄干面包面团的约 20% 是葡萄干。葡萄干和玉米一样，即使经过发酵工序也不会膨胀。让面团膨胀的是其余 80% 的面团。因此，如果只用纯面团来计算模型比容积的话，这里的型比容积实际是 700÷176（每份 220g 面团中的纯面团克数）=3.98，是合理的（参见 P.31），所以按此分割面团也合理。

19

圆包

圆包面团就再次滚圆。

20

黄油卷

用擀面棍将大葱头面团擀压成等腰三角形,从底边卷起。
将面团在含水的厨房纸上沾湿,再去沾取白芝麻。

21

热狗面包

做热狗形是将面团先轻拍延展成椭圆形,横放,然后分别从上、下两边折入成三折叠,再将左、右两端溢出的面团折入,
再将整个面团从外侧向身体方向对折,按压接合处以闭合。将面团在含水的厨房纸上沾湿,再去沾取白芝麻。

22

枕形面包

枕形的整形方法和热狗
形一样。而后将面团在
含水的厨房纸上沾湿,
沾取白芝麻,再放入涂
了黄油的模具中。

 关于整形

● **整形**

这个阶段的滚圆，请紧密而细致地滚成圆形。或是使用擀面棍薄薄地延展面团，再如卷寿司般地卷起成长棒状也可以。

枕形面包则是整合成海参形，封口朝下装入模型中。

应用篇

留下面团，待日后烘烤的方法

一次准备较多的面糊，打算分两次烘烤的时候，可以用 500g 面粉的配方制作面团。操作步骤 1~15 是一样的，但是揉和面团的次数要多二三成。下面，我们来说说稍后要烤的面团。

1. 按照本次的总面团大约 1210g 来计算，将剩下的面团放入塑料袋中，均匀延压成厚度 1 ~ 2cm，放入冷藏室保存，这样也是在进行冷藏熟成。

2. 次日或第 3 天，把面团从冷藏室取出（面团温度约为 5℃），放在温暖的地方 1 小时左右。（面温会上升到 20℃左右，随室温不同。）

3. 确保面团温度在 17℃以上，然后从步骤 16 开始继续做。

4. 如果想放置 3 天以上，请冷冻保存。但这样也请在一周内烘烤完。烘烤前一天把面团从冷冻室移到冷藏室，然后从上述 "2." 开始操作。

COFFEE TIME

"太生""过熟"，是什么意思?

面包店的对话中常会有"太生""过头""过熟""有腰"的用词。所谓的"太生"是指发酵不足，"过头""过熟"是指发酵过多，"有腰"是指面团有弹性。

最后发酵 · 烤前工序

注意避免干燥！保持室温！

枕形面团放入长条模具中，其他面团放在烤盘上，最后发酵 50~60 分钟。枕形面团预期膨胀至从模具边缘露出一点点的样子。（在此期间预热烤箱：底部放入蒸汽用烤盘，温度设为 210℃。）

发酵完毕，在没有沾芝麻的面团表面涂上蛋液。

在热狗形面团表面切划一刀，在切口中放入细砂糖。在面团送入烤箱前，在底部烤盘上注入 200ml 水（要小心急遽产生的蒸汽）。

烘烤

接着马上放入面团，放入前要给沾有芝麻的面团表面喷雾。关上烤箱门后将温度调降到 200℃。

小型面包的烘烤时间为 8~9 分钟。其间，如果担心烘烤不均，可以对调烤盘的前后位置。

全体都呈现出诱人的烤色时，就烘烤完了。取出后，连同烤盘一起从工作台上方 10~20cm 的高度丢下以振击。

放入第二片烤盘时

再次将烤箱温度调高至 210℃，从步骤 25 注入水的操作开始，重复步骤 26~28 的工序。

 **Chef's comment** 从 最 后 发 酵 至 烘 烤 完 成

● **最后发酵／烤前工序**

发酵环境以温度 32℃、湿度 80% 为上限。如果温度较低，只需要多花时间发酵，不算是问题，但绝对不能让面团变干。

最后发酵时间的长短和炉内伸展的大小彼此成反相关：最后发酵时间比一般情况长的面团，即使放进烤箱也不会长得太大；反之，后发时间短的面团送进烤箱后会长得很大。

● **烘烤**

烘烤条件根据模具的大小和面团量来定，枕形面包是以 200℃、17 分钟为宜。

如果你想烤出表层较薄、有光泽的葡萄干面包，在装有葡萄干面团的模具送入烤箱前，先将 200ml 水倒入烤箱底部的热烤盘中。在放入装有葡萄干面团的烤盘或模具后，迅速关闭面包门，以免急遽产生的蒸汽浪费（也注意不要烫伤）。这些动作会使烤箱的温度急剧下降，所以最初的烤箱温度设定为 210℃，等一系列动作结束关上烤箱门后，再将温度调降至 200℃，直到烤完。

有些烤箱会有前后左右烘烤不均的情况，这时可以在烘烤中途调换烤盘或模具的前后左右位置。

时间到了，烤出美味的色泽后，将面包从烤箱中取出，此时给予面包震击，可以防止烤后收缩，也就是说，把烤盘或模具从烤箱里取出后，马上连同面包一起丢摔到工作台上。然后，把面包从模具中尽快取出，放在平架上冷却。此时台面平坦很重要，如果面包在弯曲的台或架上冷却，会造成折腰（塌陷）。

布里欧

BRIOCHE

僧侣布里欧

布里欧黄吐司

这是一种更"rich"（面团中黄油、鸡蛋等副材料更丰富）的点心面包。这种情况下，副材料的存在会阻碍面筋的结合，所以在放入黄油之前，如何让面筋连结起来是关键。另外，蛋黄中含有的卵磷脂起到乳化剂的作用，有助于黄油融入面团，所以黄油多的面团多使用鸡蛋是有道理的。

工序	
▦ 揉和	用手揉和（40 回 ↓ IDY 10 回 AL20 分钟 150 回 ↓黄油 150 回 ↓盐·黄油 150 回）
▦ 面团温度	24~25℃
▦ 发酵时间（27℃、湿度75%）	60 分钟
▦ 冷藏（4℃）	一晚
▦ 分割·滚圆	40g、32g、8g
▦ 中间发酵	30 分钟
▦ 整形	僧侣布里欧、布里欧黄吐司
▦ 最后发酵（32℃、湿度80%）	50~60 分钟
▦ 烘烤（210℃→200℃）	8~10 分钟（僧侣布里欧），14~16 分钟（布里欧黄吐司）

IDY：即溶干酵母　AL：自行水解

配方（材料）

 Chef's comment 材料 的 选 择 方 法

第 1 列为 12 个 40g 面团的分量

材料	面粉 250g 时的重量（g）	烘焙百分比（%）
高筋面粉（面包用粉）	250	100
即溶干酵母（低糖型）	7.5	3
盐	5	2
砂糖	25	10
黄油	100	40
鸡蛋	75	30
牛奶	75	30
水	17.5	7
合计	555	222

使用高筋面粉。因为加入了大量黄油等副材料，所以面筋的连结变弱，所以，需要用蛋白质含量高的面粉。

这个面团因为副材料多，而且进行冷藏发酵，所以用了很多即溶干酵母（低糖型）。如果你有条件，也可以使用耐高糖的即溶干酵母。许多耐高糖的面包酵母也具有很好的耐冻性。

用普通的盐即可。因为副材料很多，面团整体的量会变多，所以盐要用得较多，这里是 2% 烘焙比。

用普通的砂糖即可。因为其他的副材料已经很多，所以砂糖的烘焙比控制在 10%。

因为我们要做的是美味、高级的布里欧面包，所以这里请使用黄油。

能让面包的体积和烤色更好。而且蛋黄（卵磷脂）的乳化作用能抑制黄油与面团分离在其他配方中，也有不用水只用鸡蛋的做法，鸡蛋蛋白含量很大的话，会让面包口感变脆。我喜欢鸡蛋和牛奶各占一半的配比。

除了普通的牛奶以外，用豆浆或水也可以。我有时不用水，而是用鸡蛋和牛奶各占一半的配方。

和前面的面包一样，用普通的水即可。如果操作中水的使用得当，可以烘烤出口感润泽的面包。

其他材料

刷涂蛋液（全蛋充分搅散） 适量
（※ 配方丰富的面包，表面用的蛋液不必用水稀释。）

揉和

1

将面粉和砂糖放入塑料袋中，使袋子充满空气鼓起后振摇。将袋子的底角塞进去，袋子就会变得立体，容易混合材料。

2

将充分打散的鸡蛋、牛奶、水也加入袋中。

3

再次让袋子充满空气鼓起，用力摇晃，使材料撞击袋子内壁。

4

当袋内材料成为一体后，放到工作台上隔着塑料袋用力搓揉。

5

取出面团放到工作台上，揉40回左右，加入即溶干酵母，再揉10回左右。

自行水解
详细讲解→ P.83

6

注意避免干燥！保持室温！

自行水解前　　　自行水解20分钟后

自行水解20分钟（照片显示自行水解前后面筋的差异）。而后，将面团滚圆，封口朝下放入薄刷了一层黄油的碗中，包覆保鲜膜。

7

20分钟后，为了让即溶干酵母均匀分散开，反复进行"延展""折叠"的操作150回。

8

将面团切成小块，延压薄，在一块面团上涂抹黄油，放上另一块面团延压，再抹入黄油……如此重复进行混揉。

9

加入一半的黄油后，做150回"延展""折叠"操作，让面团连结。

 **Chef's comment** 关 于 揉 和

● **揉和**

　　将面粉和糖放入结实的塑料袋中，在袋内先保持粉粒的状态摇匀。接着，将调过温度的牛奶、打散的鸡蛋、水、空气一起放入，让袋子像气球般鼓起，然后用力摇晃，像把材料拍打在塑料袋内壁一样，用手腕和手臂的力量让材料成块。

　　然后，直接从塑料袋上方揉搓面团，让面团中的面筋更结实地连结起来。等面筋结合到一定程度，将面团从塑料袋中取出，放到操作台上搓揉 40 回左右。然后加入即溶干酵母，再揉 10 回。此后静置，让面团自行水解。

　　20 分钟后，重复 150 回"延展""折叠"的操作，将即溶干酵母均匀分散入面团中。

　　然后，将已软化成膏状的黄油的一半量混入面团中。最有效的方法是将面团分成多个小块，每块在桌面压开，在一块小面团上涂抹黄油，再放上另一块小面团延压，再涂抹黄油……如此重复层叠。之后，进行"延展""折叠"的揉面操作，以 150 回为目标。

　　然后用同样的方法将剩余的黄油以及盐加入面团中。接下来再进行"延展""折叠"，以 150 回为目标。进行面筋检查，如果面团可以拉开得很薄，就揉和好了。

面筋检查

请不时检查一下面筋。把黄油和盐全部加入面团充分揉和，揉到面团拉开后可以看见手指的程度，就完成了。

面团温度

10

再把面团摊开，加入剩下的黄油，以及盐。

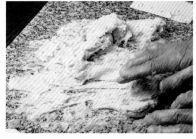

11

之后同样重复"延展""折叠"的操作 150 回。

12

测量揉好后面团的温度（处在24~25℃为佳）。

面团发酵（一次发酵）

注意避免干燥! 保持室温!

13

整合面团，放入碗中，盖上保鲜膜。放在接近 27℃的地方 60 分钟，进行发酵。

14

膨胀到一定程度后，进行指洞测试，如果指洞没有消失，就把面团从碗里拿出，轻轻按压排气。

注意避免干燥! 保持室温!

15

装入塑料袋，用擀面棍均匀地擀成1~2cm 的厚度，放入冰箱冷藏一晚。

分割·滚圆

16

将面团按 32g×8、8g×8、40g×6分割。但是，根据制作僧侣布里欧的菊花模型的大小，分割重量也可能有所不同。

17

分别轻轻滚圆。

中间发酵

注意避免干燥!

18

放在托盘上，覆盖保鲜膜以防变干，放入冰箱冷藏 30 分钟。

从 揉 和 完 成 至 中 间 发 酵

● **面团温度**

　　揉好后面团温度以 24~25℃ 为佳；因为加入了较多的黄油，所以实际温度即使偏高，也请控制在 27℃ 以下。

● **面团发酵（一次发酵）和按压排气**

　　发酵环境以温度 27℃、湿度 75% 为目标。发酵 60 分钟后将面团排气，放入塑料袋，擀压成厚 1~2cm，这样容易冷却，而后送入冷藏室。

● **冷藏发酵**

　　包覆塑料袋的面团在冰箱中冷藏一晚，发酵、熟成。

● **分割·滚圆**

　　按照模具大小适合的重量进行分割。这次用的僧侣布里欧模具适合的面团是 32g 和 8g 两种规格，各 8 个；一个长条模内适合装入的面团是 40g×6。

● **中间发酵（冷藏）**

　　时间以 30 分钟为宜。松弛（冷却）到可以整形的状态后进入下一道工序。常温下的面团会变黏，直接整形比较困难，所以要放入冰箱冷藏。

冷藏

将面团在塑料袋里均匀擀开成扁平状后，放入冷藏室容易冷却；放回室温下也容易回温。

涂刷蛋液的不同配方

　　要区别使用不同的涂刷蛋液配方，比较难。基本上，根据面团的配方来改变涂刷蛋液的配方（浓度）。例如，在法国面包上涂蛋清；在餐包和点心面包上，用全蛋加50%的水；配方更丰富的面团，则使用全蛋。日式点心店的栗子馒头等，是用全蛋再加入蛋黄来涂刷，可以烤出更深的颜色。如果想要朴素的烤色，还可以涂刷牛奶。我并没有不假思索地在所有的面团上涂全蛋液。

整形

⑲

⑳

整形成僧侣布里欧时：将32g的面团滚圆，用手指在中间戳出洞；将8g的面团搓成大葱头形，将其中的细端穿入32g面团的孔洞中；将面团组合按入已涂黄油的菊花模型中。

整形成布里欧黄吐司时：将6个40g的面团重新滚圆，如照片所示填入已涂黄油的长条模内。

最后发酵 · 烤前工序

㉑

㉒

㉓

进行50~60分钟最后发酵，完成后涂刷蛋液。(这期间预热烤箱：底部放入蒸汽用烤盘，温度设定为210℃。)

进烤箱前再仔细地涂一次蛋液。注意不要让蛋液流进模具里。因为使用了铁制的菊花模具，如果再由烤盘盛放的话，下方火力会变弱，所以模具要放在网架上送入烤箱。

在送入面团之前，在烤箱底部的蒸汽用烤盘上注入约200ml水（要小心急遽产生的蒸汽）。

烘烤完成

㉔

㉕

㉖

接着马上放入面团（放在下层），将烤箱温度调降至200℃。

烘烤时间为8~10分钟（僧侣布里欧）。觉得烘烤不均时，更换网架的前后位置。

全体呈现出诱人的烤色时，就烤完了。取出后连同网架一起从工作台上方10~20cm的高度丢下以震击面包。

 **Chef's comment** 从 整 形 至 烘 烤 完 成

● **整形**

僧侣布里欧模型有各种的大小，所以需要配合模型大小来分割面团重量。

本来在整形时是将整个面团的二成不分离直接做成头状，但在还没熟练的时候操作很难，所以，为了做出稳定的形状，先将二成面团分离做成大葱头形，剩下的八成面团做成甜甜圈形，然后把大葱头的细部插进洞里。

此外，布里欧黄吐司则是将 6 个重新滚圆的面团放入模具来烘烤，请在涂有黄油的模具中以均等间隔排放。

● **最后发酵 / 烤前工序**

请在温度 32℃、湿度 80% 的环境中慢慢进行最后发酵。此时也请注意避免表面变干。

在面团还留有一些弹力的状态下，将其从发酵箱取出，稍微晾干表面，这样才更好涂刷蛋液。在面团表面涂上一层漂亮的蛋液，然后再次晾干，在送入烤箱前再涂一层蛋液。因为这个面团中黄油比例较多，涂好的蛋液不易粘住，所以要涂刷两次。但是在这种情况下，入烤箱时产生的蒸汽就不容易渗透进去了。

涂刷蛋液时，将全蛋打散（用搅打器轻轻搅拌），让蛋黄和蛋白混合均匀。因为无论如何都会有气泡混在里面，所以最好在前一天制备，加入少量的盐。如果遇到急着使用的情况，虽然有点可惜，但请用刷子把蛋液表面浮着的泡沫刷去、丢弃。

● **烘烤**

小的面包以 200℃、8~10 分钟烤完为目标。见到烤色不均匀时，请在烘烤中途将烤架前后左右互换，以烤出均匀的色泽。在烘烤目标时间范围内，烤好的时间越短，面包表皮越有光泽、越薄。当面包呈现金黄褐色 / 看起来很好吃的金黄色时，迅速从烤箱中取出，连同烤架一起摔落在工作台上，让面包受到震击。

应用篇

**留下面团，
待日后烘烤的方法**

1. 将本次所需数量的面团分割下来后，其余面团再次放入塑料袋，均匀延压成 1~2cm 的厚度，放入冷藏室保存，这样也是在进行冷藏熟成。

2. 次日或第 3 天，将面团从冷藏室取出，从步骤 16 开始继续做。

3. 如果想放置 3 天以上，请冷冻保存。但这样也请在一周内烘烤完，烘烤前一天把面团从冷冻室移到冷藏室，然后从步骤 16 开始做。

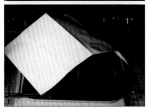

烘烤

放入模具里烘烤的布里欧黄吐司，在到达 14~16 分钟的目标时间前，如果表面可能会烤焦，请盖上一层东西。推荐用重量和尺寸都比较合适的影印纸。

ITEM.*09*

乡村面包

PAIN DE CAMPAGNE

这是法式面包的一种，一般是加入了黑麦粉来制作。但是，因为黑麦粉会产生沾黏，所以在手工制作时，将黑麦粉的烘焙比例控制在 5%；尽管如此，面包的黑麦风味还是很不错的。我的店内有个秘方，在这款面包中加入 10% 煮熟的马铃薯，因为会产生甜味，非常好吃，所以悄悄告诉大家。

工 序	
■ 揉和	用手揉和（40 回 ↓IDY 10 回 AL20 分钟 ↓法国老面 100 回 ↓盐 100 回 ↓马铃薯 100 回）
■ 面团温度	24~25℃
■ 发酵时间（27℃、湿度75%）	60 分钟 按压排气 60 分钟
■ 分割·滚圆	250g
■ 中间发酵	30 分钟
■ 整形	枕形
■ 最后发酵（32℃、湿度75%）	50~70 分钟
■ 烘烤（220℃→210℃）	25 分钟

IDY：即溶干酵母   AL：自行水解

Chef's comment

材料的选择方法

使用一般称为法国面包粉的准高筋面粉。如果用高筋面粉（蛋白质含量高）做这种面包，面包的韧性就会很强，让人嚼不动。

使用的是黑麦粉，而不是全麦粉。全麦粉含有麸皮，多少会产生一些粗糙感和味道，所以这里没有使用。另外，虽然有各种灰分含量的黑麦粉，但在这次的配方中黑麦粉只占5%烘焙比，所以不必太注意。

使用普通的即溶干酵母。

直接使用的话会因为黏度太高而难以计量，所以先加水稀释成2倍。一次不要做太多的稀释液，因为在长期保存中会发酵。

这种面包的调味料只有盐。想要使用讲究的盐时，推荐用这个配方；但，还是很难用面包表现盐特有的细致风味。

这里也不限制，用一般的水就可以。

2 个 250g 乡村面包面团的分量

材料	面粉 250g 时的重量（g）	烘焙百分比（%）
面粉（准高筋粉）	237.5	95
黑麦粉	12.5	5
即溶干酵母（低糖型）	1	0.4
麦芽糖（Euromalt·2 倍稀释）	1.5	0.6
法国老面（前一日的法国面包面团）	75	30
盐	5	2
马铃薯（已煮熟，泥状）	25	10
水	160	64
合计	517.5	207

※ 马铃薯可以水煮熟，也可以包覆保鲜膜送入微波炉加热熟。

揉 和

将两种面粉装入塑料袋中，使袋子充满空气鼓起后振摇。将袋子的底角压进去，袋子就会变得立体，容易混合材料。

加入麦芽精和水。粘在麦芽精容器里残余的麦芽精，也要用一些材料水冲洗后加入面团。

再次让塑料袋成立体状，让材料撞击袋子内侧来实现揉和。

当袋内材料成为一体后，放到工作台上隔着塑料袋用力搓揉。

取出面团放到工作台上，揉40回左右，加入即溶干酵母，再揉10回左右。

自行水解
详细讲解→ P.83

注意避免干燥! 保持室温!

将面团滚圆，封口朝下放入碗中，覆盖保鲜膜，自行水解 20 分钟。

取出面团，加入法国老面，揉和100回。然后摊开面团，加入盐。为了让材料均匀分散，以"延展""折叠"为1回揉和100回。

摊开面团，加入煮熟的土豆泥，再重复"延展""折叠" 100 回，让面团进一步结合。

确认揉好的面团温度（以24~25℃为佳）。

Chef's comment **关 于 揉 和**

● **揉和**

　　将面粉和黑麦粉放入塑料袋中，在粉末状态下摇晃混合均匀。然后放入调过温度的水和麦芽精，并放入空气，鼓起袋子成气球状，用力摇晃，让材料像拍打在袋子内壁一样，持续进行。

　　当材料形成一定块状后，从塑料袋上直接揉搓面团，让面筋蛋白连结得更加紧密。然后将面团从塑料袋中取出，揉 40 回左右，加入即溶干酵母，再揉 10 回左右，滚圆，避免表面变干，自行水解 20 分钟。

　　20 分钟后，在变得柔软的面团中加入法国老面，揉和 100 回；然后把面团摊开，加入盐，再揉和 100 回；再把面团摊开，加入煮熟的土豆泥，揉和 100 回。

　　此时，你可以结束揉和，也可以继续揉和让面筋多连结。因为这回是这款面包的第一次制作，所以外观很重要，虽然这不是吐司面团，也可以多揉一下，让面筋强化。进行面筋检查，能形成厚的膜，就可以了。

● **面团温度**

　　揉和好的面团温度以 24~25℃为目标。

面筋检查
虽然膜比较厚，但面团能延展到这个程度的话，揉和工序就完成了。

面团发酵（一次发酵）

注意避免干燥! 保持室温!

10

11

注意避免干燥! 保持室温!

12

整合面团放入碗中，覆盖保鲜膜避免变干，放在接近27℃的地方60分钟进行发酵。

时间到做指洞测试，进行按压排气（从面团中排出气体，滚圆）。

再次放回碗中，覆盖保鲜膜，放在与步骤10相同的环境中，再发酵60分钟。

分割·滚圆

中间发酵

注意避免干燥! 保持室温!

13

14

15

把面团一分为二。

分别轻轻滚圆（轻轻拍打折叠，整形成枕头形）。

留出30分钟的休息时间。避免面团变干。

整形

16

轻拍面团，使其成椭圆形。

分别从近侧、外侧向中间折入，成三折叠。

然后对折，以手掌根部按压面团，整成枕头形。

把左右两端的面团朝中间折入。

按压闭合口。

Chef's comment 从 发 酵 至 整 形

● **面团发酵（一次发酵）和按压排气**

在温度 27℃、湿度 75% 的环境中发酵 60 分钟，然后按压排气（将面团从发酵碗中取出，轻轻滚圆），继续发酵 60 分钟。通常，法国面包面团的一次发酵时间为 90 分钟，但本配方中加入了发酵力较强的老面，所以缩短了发酵时间。

面筋与形状记忆合金有相似的性质，发酵时的形状会在烤箱中重现，所以请用与面包最终形状相似的容器进行发酵。

● **分割·滚圆**

在此将备好的面团 2 等分，每一份 250~260g。在最后发酵、烘烤的过程中，面团体积大约会膨胀到 4 倍，请大家结合自己烤箱的大小和烤盘的大小来决定分割尺寸。

轻轻地滚圆就可以。想象面包成型的形状，如果是长的类型就滚成长一点，如果是圆的就滚成圆一点。

● **中间发酵**

比其他面包要更花时间，请按 30 分钟左右考虑。其间也请注意避免面团变干。

● **整形**

这里要注意整形的力度，即使是专业的面包师也很难掌握好。在这里用力整形的话，面团弹力过强，体积不容易膨胀起来，所以要轻轻地整形。

将面团整成圆形时，在发酵藤篮（专用模具）或厨房的塑料筐里铺放布巾，撒上手粉，将面团表面朝下地放置。在比赛中，很多人就是用这种面团进行花式整形的。等你熟练了之后，请挑战各种形状的整形吧。

指洞测试
将中指深深插入面团后拔出，如果指洞能保留维持，就可以进行面团按压排气。

应用篇

留下面团，待日后烘烤的方法

1. 分割时，将剩余的面团放入塑料袋中，均匀延压成 1~2cm 的厚度，放入冷藏室保存，这样也是在进行冷藏熟成。

2. 翌日或第 3 天，将面团从冷藏室取出（温度约为 5℃），放在温暖的地方 1 小时左右。（面温会上升到 20℃ 左右，随室温不同。）

3. 确保面团温度在 17℃ 以上，然后从步骤 13 开始继续做。

※ 法国面包、乡村面包以外的面团都可以冷冻保存，但没有添加砂糖和黄油的法国面包面团不适合冷冻保存。很遗憾，2~3 天的冷藏熟成已经是极限了。

最后发酵·烤前工序

注意避免干燥！保持室温！

17

将面团放在有褶的帆布（或布巾）上，最后发酵 50~70 分钟。（这期间预热烤箱：在底部放入蒸汽用烤盘；把放面包的烤盘翻过来，如果烤箱有上下层，则插入下层；温度设定为220℃。）

18

将所有面团移到可以一次都送入烤箱的移动板（木板或厚纸板）上。在移动板上，每个面团的下面都要铺上烤盘纸。

19

用刀片垂直插入面团，切出格子状花纹。

烘烤

20

把载有面团的移动板插入烤箱深处。

21

一口气拉出移动板，让面团连同烤盘纸一起落到烤盘的背面。在烤箱底部的蒸汽用烤盘上注入 50ml 的水（小心急遽产生的蒸汽）。马上关闭烤箱门，将温度调降至 210℃。

22

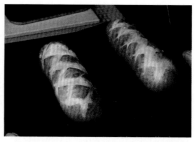

烘烤时间以 25 分钟为目标。如果担心烘烤不均，可以打开烤箱门，改变烤盘的前后位置。另外，如果面包表面光泽不足，可以在中途喷雾。待全体都呈现出诱人的烤色，就烤好了。

 **Chef's comment** **从 最 后 发 酵 至 烘 烤 完 成**

● **最后发酵**

在温度 32℃、湿度 75% 的环境中进行最后发酵，大约 50~70 分钟。最后发酵时间越长，面团的体积越大，烤出的面包也越轻盈。

● **烘烤**

以 210℃ 烘烤 25 分钟为目标。

事先把置面团的烤盘翻面放进烤箱。同时，把蒸汽用烤盘放在烤箱底部。

将烤盘纸铺在与烤盘大小相当的移动板上，再将面团闭合口朝下放在烤盘纸上。用波纹刀（也可以把双刃剃刀用一次性筷子夹住使用）在面团表面切划，将刀片垂直插入 1~1.5cm 的深度。

在预先放入烤箱的反面的烤盘上，将整板面团送入，迅速抽出移动板，让面团均匀落在烤盘底面上。然后迅速将 50ml 水倒入预先放入的蒸汽用烤盘中。因为蒸汽会迅速产生，所以要迅速关闭烤箱门，让蒸汽保留在烤箱中。

这一系列的动作会使烤箱内的温度急剧下降，所以请在预热时把温度调高 10℃ 至 220℃。所有动作结束后，重新设定为 210℃，烘烤至最后。如果烤出来的颜色不均匀，请在烘烤过程中更换烤盘的前后位置，以达到均匀的烤色。

认为烤好后，把面包从烤箱里取出，一个一个用手敲击其底部。如果发出干燥的声音（konkonkankan），就是烤好了；如果发出潮湿的声音（pokupoku），就请再烤一会儿。

另外，法式面包只要一个一个地轻轻丢在工作台上，就会有震击效果。

移动面团的板子

最后发酵后，对用于移动面团到烤箱的移动板（木板或厚纸板），建议用丝袜或紧身裤一类的具伸缩性的化学纤维包覆，即可避免面团的沾黏。

丹麦面包

DANISH PASTRY

风车

菱形

比可颂用料更加丰富的千层状面包。它又有丹麦式
和美式两种做法：丹麦式是在较硬且糖分较少的面
团中折叠裹入黄油；而美式是在类似甜面包卷的富
含糖、油脂、鸡蛋的面团中折叠裹入黄油。这次的
配方取于两者之间（你可以把它当成日式）。

三角

梳子

脆松饼

钻石

工 序

▉ 揉和	用手揉和（40 回 ↓ IDY 150 回 ↓盐 100 回）
▉ 面团温度	22~24℃
▉ 静置时间	30 分钟
▉ 分割	无
▉ 冷冻（–20℃）	30~60 分钟
▉ 冷藏	1 小时 ~ 一夜
▉ 裹入油、折叠	三折叠 3 次
▉ 整形	正方形（3mm 厚正方形 50g）
▉ 最后发酵（27℃、湿度75%）	50~70 分钟
▉ 烘烤（210℃→200℃）	10~12 分钟

IDY：即溶干酵母

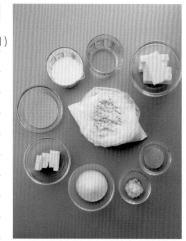

12个50g面团的分量

 Chef's comment　材料的选择方法

材料	面粉250g时的重量（g）	烘焙百分比（%）
面粉（法国面包粉）	250	100
即溶干酵母（低糖型）	7.5	3
盐	5	2
砂糖	37.5	15
黄油（膏状）	37.5	15
鸡蛋	37.5	15
牛奶	75	30
水	25	10
裹入用黄油	150	60
合计	625	250

使用高筋面粉做的话,口感韧劲很强,缺乏松脆感,所以使用法国面包粉（准高筋面粉）来做。如果没有的话,可以在高筋面粉中加入20%左右的中筋面粉或低筋面粉来用。

使用低糖型,也就是普通的即溶干酵母。

用厨房里常备的盐就可以了。

平常用的砂糖就可以了。

因为要做美味的丹麦面包,所以这里用黄油或发酵黄油。由于揉面时间短,所以黄油要先软化成一定程度的膏状,然后在面团揉和的开始时加入。

能让面包烤色更佳。使用全蛋,净重。

用平时喝的就可以。

这款面包和其他的不同,面团揉好时的期望温度是24℃以下,最好在22℃左右,所以要用冷水。请在制作前一天用塑料瓶装好水,放入冰箱冷藏。夏天的时候,塑料瓶内的冷水也可以用来制作其他面团。

事先（最好提前一天）将黄油或发酵黄油用塑料袋包好,压成20cm见方的正方形,放入冰箱降温。（参见P.135）

其他材料

▨ 刷涂蛋液（鸡蛋：水＝2：1，并加入少许食盐）适量
▨ 内馅用：卡士达奶油馅、核桃碎 各适量
▨ 装饰用：杏桃、洋梨等罐头装水果 细砂糖 杏桃果酱 草莓、蓝莓等 各适量

揉和

1

将面粉和砂糖装入塑料袋中，使袋子充满空气鼓起后振摇。用手指把塑料袋的底角塞进去摇晃，袋子会变得立体，粉末容易混合。

2

加入软化成膏状的黄油、充分打匀的鸡蛋、牛奶、水。

3

再次让塑料袋充满空气鼓起，用力摇晃，使材料撞击袋子内壁，会形成松散状的面团。

4

形成松散团块后，将塑料袋放到工作台上用力搓揉。

5

将面团从袋内取出放到工作台上，揉40回左右，加入即溶干酵母。

6

反复"延展""折叠"，以150回为目标。

面团温度

7

加入盐，再重复100回"延展""折叠"。

8

面团结合到这个程度就可以了。

9

确认揉好的面团温度（期望值是22~24℃）。

Chef's comment **关 于 揉 和**

● **揉和**

这款面团和可颂的一样，揉好时不要有过多的面筋，因为后面的制作中会裹入黄油多次折叠，这也相当于是一种揉和。所以，如果一开始就充分揉和的话，在折叠裹入黄油时，面团就很难延展、比较辛苦，结果还会造成过度揉和。

这款面团也很适合用塑料袋制作。首先只将粉状材料放入袋中混合均匀；接着放入软化成膏状的黄油、充分打散的鸡蛋、冷牛奶、水和空气，封闭袋口用力摇晃，让材料像拍打在袋子内壁上一样。材料一定程度结块后，开始从袋子上直接用力揉，然后把面团从袋内取出，放在工作台上揉和40回左右。

然后加入干酵母，揉和150回。即便如此，也不必揉到出面筋的程度。然后加入盐，揉100回左右。让加入的所有材料均匀混合，一定程度上不会沾黏就足够了。揉成的是硬的面团。

● **面团温度**

面团揉好时的目标温度在24℃以下，最好是22℃。因为温度比一般的面团低，所以要从最初的材料温度开始留意。面粉是室温的，水也因季节有不同温度。注意到各种相关的温度，包括揉和环境在内，用水温进行调整，使面团温度降低。

工作台的温度调整

在一个大的塑料袋里放入1L热水（夏天用冷水），挤出空气，扎紧袋口避免漏水。将水袋放在工作台的空闲区域，不时地和工作区域交换。一边加热（冷却）工作台一边进行揉面，比调整室温更有效。我的工作台如图所示是石制的，具有较好的蓄热性。可以试一下！

COFFEE TIME

注意制备温度！

因为这款面团是低温面团，所以制备的时候要充分了解面粉和水的温度对面包酵母的影响。如果先把即溶干酵母和面粉混合后加水，夏天肯定用的是15℃以下的水，那么干酵母就直接接触到冰水，其活性会受到抑制。另外，如果面团温度低于15℃，即溶干酵母的活性也会被抑制。所以要在面粉、糖、低温的水等混合揉成面团、确保面团温度在15℃以上后，再加入即溶干酵母。

※ 和可颂一样，丹麦面包也不强调在面团揉和中连结面筋，所以也不进行面团的自行水解。

静置时间

注意避免干燥! 保持室温!

10   11   12

将面团封口朝下，放入薄涂有黄油的碗中，在接近27℃的温度下发酵30分钟（或者说让面团休息）。覆盖保鲜膜以防变干。

30 分钟后放入塑料袋。

在塑料袋上用擀面棍按压，将面团延展成1cm 厚。

※利用这个时间准备裹入用的黄油（前一天准备更理想）→P.135。

 注意避免干燥!

 注意避免干燥!

13

将面团放入冷冻室
30~60 分钟，
充分冷却。

→ 确认充分冷却

14

移至冷藏室，
放置 60 分钟到一整夜的时间以
冷藏熟成。

裹入油 · 折叠

15   16   17

用美工刀切开塑料袋的2边，取出面团。裹入用黄油也要在开始作业前15~30分钟从冷藏室取出回温，使其硬度与面团的相同。

将面团擀成裹入用黄油片面积的2倍，可以把包着塑料袋的黄油片放在上面，大小很容易判断。黄油片也以同样的方法切开包装袋取出，45°角交错放在面团上。

像打包袱一样用面团包起黄油。注意不要让面团的边缘重叠太多。用擀面棍从上方压实面团的接合处。（到目前为止的工作称为裹入。）

Chef's comment　　从揉和完成至面团冷藏

● 静置时间

在这里，这款面团与其说是发酵，不如说是静置。在室温下放置约30 分钟，至面团松弛、光滑就可以了。（在这 30 分钟里可以准备黄油。）

30 分钟后，将面团轻轻按压排气，放入塑料袋冷却，再慢慢进行发酵和熟成。

● 分割

这次的配方量没有必要进行分割。

如果像面包店那样制备大量的面团，那么在面团开始冷却之前，就要进行分割。

● 冷冻冷藏

将面团装入塑料袋，在袋上用擀面棍擀压成 1~2cm 厚的薄片。这个工序是为了让面团容易冷却。在冷冻室冷却 30~60 分钟。即使面团边缘冻住也没关系。晚上睡觉前记得把装有面团的塑料袋从冷冻室移到冷藏室。

第二天要裹油的时候从冰箱里取出面团。在操作前 15~30 分钟，还要将事先准备好的黄油片从冰箱里取出放回室温，让黄油处于容易延展的状态。（这一点很重要。）

准备裹入用黄油

①将黄油切成相同的厚度，放入略厚的塑料袋（最好是宽 20cm 的）。

②先用手压扁，不要留有缝隙。

③用擀面棍敲打或按压，延展开黄油。

④擀压成 20cm 见方的正方形，而后尽快放入冰箱冷藏。

※ 黄油片在裹入面团前的 15~30 分钟要从冷藏室取出回温，使其与面团有相同的硬度。（这一点很重要。）

18

维持 20cm 宽度不变，上下擀压面团延长到约 60cm。

19

把面团表面粉末扫除干净，折成三折叠。

20

对齐压合边缘（到这里算三折1次）。如果经过这些操作面团变得沾黏，就再次装入塑料袋，放入冷藏室降温。

21

将三折叠后的面团方向转 90°，同样保持 20cm 宽度，将上下延长到 60cm 左右。

22

将手粉扫干净，折成三折叠。

23

这样就完成了三折 2 次。

24

面团放入塑料袋，用擀面棍平整形状。之后放入冰箱冷藏 30 分钟以上，让其休息。

25

确认面团完全冷却后，再重复步骤 21、22 的操作。

26

这样就完成了三折 3 次。之后面团再放入塑料袋，放入冷藏室休息 30 分钟以上。

Chef's comment 关于裹入油·折叠

● 裹入油·折叠

　　终于用面团包黄油了。把从冷藏室拿出的面团从塑料袋中取出,擀成正方形,正好是准备好的黄油片面积的两倍。在这个正方形的面团上错开 45° 角放置黄油片。

　　就像用方巾包点心盒一样,把下方露出的面团盖在黄油片上,然后把面团边缘接起来,完全包住黄油。面团之间要紧密接合。接着用擀面棍将面团擀成薄片,如果刚才随意地拼接面团边缘,黄油就会从薄弱处溢出。

　　将面团向一个方向擀压延长到 3 倍的长度。请慢慢一点一点地延长。重点在于面团的硬度和黄油的硬度要一样,只要遵守这个原则,面团就能顺利地延长。

　　擀成 3 倍长后,将面团折叠成 3 折。(此时如果面团温度上升变得沾黏,就把面团装入塑料袋冷藏 30 分钟左右。)再换一个方向,将面团延长至 3 倍,再三折叠,装入塑料袋避免干燥,放入冷藏室冷却约 30 分钟。30 分钟后,将面团沿与上次不同的方向(转 90°)擀至 3 倍长,再三折叠。这样面团就有 2×3×3×3,即 54 层了。

扫除多余的粉末
用擀面棍擀面团时,手粉稍微多一点也没关系,但折叠面团时,要把多余的手粉扫掉。

COFFEE TIME

2 × 3 × 3 × 3 中的 2 是什么?

关于这个"2",你有疑问吗?自己想象一下就知道,在第一次裹油(像包点心盒一样)的时候,面团有上下两层!

整形

27	28	29

确认面团完全冷却后，从塑料袋内取出，再次转向，保持宽20cm，上下擀压延长，至厚度约3mm（长度约60cm）。

将面团边缘切平整。边缘面团另外收集起来，放入冰箱。

切成10cm×10cm的正方形，共有50g×12（或60g×10）。将切好的面团再次放入冰箱，使面团温度降至冷藏室温度（约需30分钟）。

30 确认面团充分冷却后，如下整形。

风车

在正方形4角分别沿对角线方向划开缺口。在4角需要沾黏的位置涂上蛋液。将面团每边的一个小角向中央折叠，压紧、沾黏住。

★4个小角都压上后，在面团中心挤上少量卡士达奶油馅，可以压住面团最后发酵时的膨胀，便于将来摆放装饰。

菱形

将面团按对角线对折，然后在三角形两边分别切开，切线距离边缘8mm，一端距离直角顶点1cm。打开面团，在形成细带的区域涂刷鸡蛋。分别将细带抬起，交叉放置。

★在中心挤上少量卡士达奶油馅，可以压住面团最后发酵时的膨胀，便于将来摆放装饰。

梳子

在正方形中间沿一字线挤上卡士达奶油馅。在面团将要粘合部位涂上蛋液，将面团对折。将对折好的边缘切开约5道口，将面团展开如扇形。

关 于 整 形

● **整形**

　　3次三折叠的面团在冷藏室休息30分钟以上（因为要充分冷却，所以放置比较长时间），再开始整形。

　　面团保持宽20cm擀薄延长，至厚约3mm。然后用小刀（或披萨滚刀）切成10cm见方的正方形。全部切完后再让面团休息一下。操作到这里，面团的温度会上升，黄油会变得黏糊，所以请把切成正方形的面团排放托盘上，放入冰箱冷藏约30分钟，直到面团再次变得结实。

　　30分钟后，确认面团已经冷却，开始整形。在最后发酵、烘烤过程中，面团会膨胀到原来的3~4倍，所以将整形好的面团摆入烤盘时，请充分考虑，留出面团间足够的空间。

　　整形后直接送去最后发酵的话，面团的中央部位会膨胀，这样各种水果就放不上了，所以用少量的卡士达馅代替重石压在中央，就能做出恰到好处的凹陷。

应用篇

**留下面团，
待日后烘烤的方法**

1. 面团切成正方形，放入塑料袋避免干燥，冷冻保存。如果放在冷藏室，面团会慢慢发酵，难得的黄油层就会消失。

2. 翌日，或者两三天后，把面团从冰箱里取出，在室温下放置10分钟，然后从步骤30开始操作。面团即使冷冻保存，也请在一周内用完。

钻石

在正方形的4角涂上蛋液，把4个角分别牵拉、折入，集中到中心，再压紧。

★压好4个角后，在中心挤上少量卡士达奶油馅，可以压住面团最后发酵时的膨胀，便于将来摆放装饰。

卡士达奶油馅的制作方法
→ P.66

三角

在正方形的对角线上挤一道卡士达奶油馅。在将要粘合的面团区域涂上蛋液，然后将面团对折。

脆松饼

将整形时切下的面团边缘切成1cm长的小段，放入铝杯中，加入细砂糖和核桃碎。

最后发酵·烤前工序

31

将面团在烤盘上以充裕间隔排放，在温度27℃、湿度75%的环境中进行50~70分钟最后发酵。烘烤如果不能一次完成，就把后面烘烤的面团置于低温环境。（这期间预热烤箱：在底部放入蒸汽用烤盘，温度设定为210℃。）

32

最后发酵完毕，涂刷蛋液。此时也要注意多层面团的切断面不要被蛋液沾到。在风车上放杏桃，菱形上放切片的洋梨。待蛋液半干后将面团送入烤箱。入炉前，向烤箱底部的蒸汽用烤盘注入200ml水。（小心急遽产生的蒸汽。）可以在中间摆放的水果有桃子、菠萝（但只能放罐头，不能是生的）、橘子等，只要是食品库中的罐头都可以。

烘烤

33

接着马上将放有面团的烤盘送入烤箱（如果烤箱有上下层，就放入下层）。关上烤箱门后将温度调降至200℃。

34

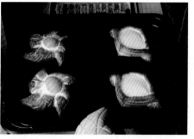

烘烤时间为10~12分钟，如果中途出现烤色不匀，可以打开烤箱，将烤盘位置前后对调。

35

待全体呈现美味的烤色后，就从烤箱里取出，连同烤盘一起从工作台上方10~20cm高度丢下，让面包受到震击。

放入第二片烤盘时

再次将烤箱温度设为210℃。在完成最后发酵的梳子、钻石、三角面团上涂刷蛋液；在脆松饼面团上涂刷蛋液，再撒上细砂糖。入炉前，向蒸汽用烤盘注入200ml水。重复33、34、35的步骤。

Chef's comment 从 最 后 发 酵 至 烘 烤 完 成

● **最后发酵**

在温度 27℃、湿度 75% 的环境进行最后发酵。黄油的熔化温度是 32℃，所以环境温度须比此低 5℃ 以上。需 60 分钟左右。

● **烘烤**

从发酵箱取出后，在面团表面涂一层蛋液。这时如果蛋液涂到黄油层上，那么难得的黄油层就不能漂亮地展开了。所以涂刷蛋液时请尽量避开黄油层。

以 200℃ 烘烤，需要 10~12 分钟。在此慢慢烘烤，让面团里的水分流失，黄油稍微烤焦，黄油的焦香味会进入面包，让面包变得更加美味。请注意，如果烤箱温度太低，就不会产生有光泽的美味烤色。

这款面包烤好后的震击很重要。可以从烤盘中轻轻取出一个面包，其他面包连同烤盘一起重重摔落在工作台上。施加震击后，面包看起来更有层次，口感也更好。你一定会感谢震击的效果。

关于第二片烤盘

如果最后发酵时烤盘不够，或者不想在烤盘上刷涂黄油，可以使用烤盘纸。从最后发酵到烘烤，借助烤盘纸可以不接触面团而将其移动。

在烤好的风车、菱形面包表面涂刷已稀释并加热过的杏桃果酱。

在烤好的钻石面包中央再次挤入卡士达奶油馅，点缀草莓、蓝莓等新鲜水果。

后 记

怎么样，您阅读得开心吗？然后，愉快地烤面包了吗？

您已经烤了 10 种面包，接下来是否还有 20 种、50 种，这都取决于您自己所下的功夫。在日本，有 9000 多家地方面包店。可能您的附近也有好吃的面包店，您也很享受那里的香味，但还是请您下决心，让面包店师傅看看自己烤的面包吧！全日本，不，全世界的面包店都非常亲切。他们一定会成为您最好的老师，成为"家庭医生"。

有这样一句话：烤面包的人一定很时尚。这是因为烤面包需要把面团做好，整成好吃的形状，烤出金黄诱人的色泽，并且穷究其中的科学，了解面团为什么会膨胀、散发出迷人香味的道理，没有全身心的投入，就烤不出美味的面包，而您的付出都会转化成面包的价值。

本书所有的面包都是用市售即溶干酵母制作的。接下来，我想探究如果改用自制发酵种制作，会有什么不同，或者，用国产小麦面粉制作，需要怎么调整，能做出什么样的面包，品质有哪些不同。

各位读者，您还只是迈出了进入面包制作世界的第一步。前面还有无限广阔、乐趣无穷的世界在等着您。如果有时间，我想在我的店里举办以这本书为基础的面包教学，届时会将情况上传到本店社交账户。期待能和您一起沉醉于美好的面包制作世界。

最后，感谢在本书的策划、制作、编辑过程中，投入大量精力、给予很多建议的たまご（TAMAGO）有限公司的松成容子女士，在条件有限的我家中完成拍摄的菅原史子女士，做了精美设计的吉野晶子女士。另外，我还要感谢守护任性的我，对我的行为给予包容、温暖、协助的妻子和家人。再次衷心感谢大家。

致 面 包 屋 店 主

　　请考虑召集喜欢面包的顾客举办面包教室活动。您可能会意外地发现手工制作面包不容易，即使您经常可以借助机器制作出美味的面包，但改以手工制作的话，初期必定会陷入苦战。手工也有手工的难处和窍门。

　　附近的面包爱好者将来一定会成为支撑店铺发展的坚实力量和伙伴。把面包制作作为共同的兴趣，在社交网络上交换信息吧，您也会看到自己面包店的新世界。

图书在版编目（CIP）数据

手作面包科学 /（日）竹谷光司著；陈以燃译.
—福州：福建科学技术出版社，2023.12
ISBN 978-7-5335-7104-7

Ⅰ.①手… Ⅱ.①竹… ②陈… Ⅲ.①面包 – 制作
Ⅳ.①TS213.21

中国国家版本馆CIP数据核字（2023）第169126号

书　　名	手作面包科学
著　　者	〔日〕竹谷光司
译　　者	陈以燃
出版发行	福建科学技术出版社
社　　址	福州市东水路76号（邮编350001）
网　　址	www.fjstp.com
经　　销	福建新华发行（集团）有限责任公司
印　　刷	福建新华联合印务集团有限公司
开　　本	787毫米×1092毫米　1/16
印　　张	9
图　　文	144码
版　　次	2023年12月第1版
印　　次	2023年12月第1次印刷
书　　号	ISBN 978-7-5335-7104-7
定　　价	68.00元

书中如有印装质量问题，可直接向本社调换